# Read Today
# Lead Tomorrow

**수학**을 배웁니다.
내일의 **문제해결력**을 배웁니다.

수학이 자신있어 집니다

# 에이급 수학 초등 2-1

| | |
|---|---|
| **발행일** | 2023년 12월 1일 |
| **펴낸이** | 김은희 |
| **펴낸곳** | 에이급출판사 |
| **등록번호** | 제20-449호 |

| | |
|---|---|
| **책임편집** | 김선희, 손지영, 이윤지, 김은경, 장정숙 |
| **마케팅총괄** | 이재호 |
| **표지디자인** | 공정준 |
| **내지디자인** | 공정준 |
| **조판** | 보문미디어 |

| | |
|---|---|
| **주소** | 서울시 강남구 봉은사로 37길 13, 동우빌딩 5층 |
| **전화** | 02) 514-2422~3, 02) 517-5277~8 |
| **팩스** | 02) 516-6285 |
| **홈페이지** | www.aclassmath.com |

# 에이+급 수학

### 초등 2-1

**" 노력을 주고 성적을 받는**
**가장 정직한 공부가 수학입니다 "**

까짓것 한번 해보자.
이 마음만 먹으세요.
그다음은 에이급수학이 도울 수 있어요.

실력을 엘리베이터에 태우는 일,
실력에 날개를 달아주는 일,
에이급수학이 가장 잘하는 일입니다.

시작이 **에이급**이면 결과도 **A급**입니다.

# 구성과 특징
S/t/r/u/c/t/u/r/e

## 개념학습

### · 개념 + 더블체크

단원에서 배우는 중요개념을
핵심만을 콕콕 짚어서 정리하였습니다.
개념을 제대로 이해했는지 더블체크로
다시 한번 빠르게 확인합니다.

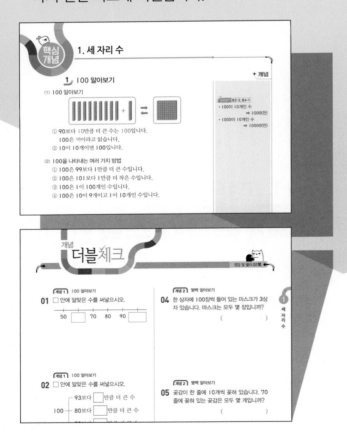

**1 단계**

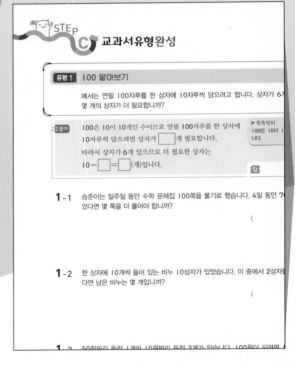

## STEP C 교과서유형완성

각 단원에 꼭 맞는 유형 집중 훈련으로
문제 해결의 힘을 기릅니다.
교과서에서 배우는 모든 내용을
완전히 이해하도록 하였습니다.

# 상위권 돌파의 책은 따로 있습니다!!
## 수학이 특기! 에이급 수학!

**단계**

**단계**

### STEP B 종합응용력완성

**01** 사과는 한 바구니에 10개씩, 자두는 한 바구니에 100개씩 담으려고 합니다. 사과 350개와 자두 400개를 각각 바구니에 담으려면 바구니는 모두 몇 개 필요합니까?

( )

> 사과를 10개씩 담을 때 필요한 구합니다.

**02** 주어진 세 수에서 밑줄 친 숫자가 나타내는 값들의 합을 구하시오.

| 418 | 721 | 135 |

( )

> 세 자리 수 백의 자리 십의 자리 일의 자리

**03** 6장의 수 카드 중에서 3장을 골라 한 번씩 사용하여 세 자리 수를 만들려고 합니다. 만들 수 있는 수 중에서 백의 자리 숫자가 5인 가장 큰 수와 십의 자리 숫자가 3인 가장 작은 수를 차례로 구하시오.

| 0 | 3 | 8 | 4 | 5 | 7 |

> 정해진 자리에 지 숫자의 크기

### STEP B 종합응용력완성
- - - - - - - - - - - - - - - - - - - - ●

난도 높은 문제와 서술형 문제를 통해
실전 감각을 익히도록 하였습니다.
한 단계 더 나아간 심화·응용 문제로
종합적인 사고력을 기를 수 있습니다.

---

### STEP A 최상위실력완성

**01** 다음은 어느 문구점에서 판매한 문구의 종류와 그 수입니다. □ 안에는 모두 같은 숫자가 들어갈 때, 가장 많이 판매한 문구와 가장 적게 판매한 문구를 차례로 쓰시오.

| 연필 | 지우개 | 볼펜 | 공책 |
|------|--------|------|------|
| 2□7자루 | 39□개 | 20□자루 | 3□2개 |

( ), ( )

**02** 세 자리 수 ㉠㉡㉢이 있습니다. ㉠이 ㉢보다 2만큼 작고, ㉡이 ㉢보다 3만큼 클 때, 세 자리 수 ㉠㉡㉢이 될 수 있는 수는 모두 몇 개인지 풀이 과정을 쓰고 답을 구하시오.

풀이

답 _____

**03** 서율이가 과녁에 화살을 10번 쏘아 480점을 얻었습니다. 50점짜리를 몇 번 맞혔습니까?

### STEP A 최상위실력완성
- - - - - - - - - - - - - - - - - - - - ●

언제든지 응용과 확장이 가능한
최고 수준의 문제로 탄탄한 상위 1%의
실력을 완성합니다.
교내외 경시나 영재교육원도
자신 있게 대비하세요.

**JUST DO IT!**

# 차례
## C/o/n/t/e/n/t/s

에이급수학
초등 2-1

# 세 자리 수

## 1

이 단원에서
완성할 내용

# 1. 세 자리 수

## 1 ┘ 100 알아보기

(1) 100 알아보기

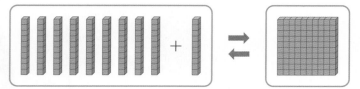

① 90보다 10만큼 더 큰 수는 100입니다.

　　100은 백이라고 읽습니다.

② 10이 10개이면 100입니다.

(2) 100을 나타내는 여러 가지 방법

① 100은 99보다 1만큼 더 큰 수입니다.

② 100은 101보다 1만큼 더 작은 수입니다.

③ 100은 1이 100개인 수입니다.

④ 100은 10이 9개이고 1이 10개인 수입니다.

## 2 ┘ 몇백 알아보기

| 수 | 쓰기 | 읽기 |
| --- | --- | --- |
| 100이 2개인 수 | 200 | 이백 |
| 100이 3개인 수 | 300 | 삼백 |
| 100이 4개인 수 | 400 | 사백 |
| 100이 5개인 수 | 500 | 오백 |
| 100이 6개인 수 | 600 | 육백 |
| 100이 7개인 수 | 700 | 칠백 |
| 100이 8개인 수 | 800 | 팔백 |
| 100이 9개인 수 | 900 | 구백 |

① 100이 ■개이면 ■00입니다.

② ▲00은 100이 ▲개인 수입니다.

### + 개념

미리보기 초2-2, 초4-1

· 100이 10개인 수

　　　➡ 1000(천)

· 1000이 10개인 수

　　　➡ 10000(만)

➕ 100이 ■0개인 수

➡ ■00

예 100이 10개인 수: 100

　　100이 20개인 수: 200

➕ (몇백)＋(몇백), (몇백)－
(몇백)의 계산

백의 자리 숫자끼리 계산하
고 뒤에 0을 2개 붙입니다.

**세 자 리 수**

---

**개념 1** 100 알아보기

**01** ☐ 안에 알맞은 수를 써넣으시오.

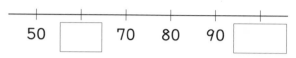

50 ☐ 70 80 90 ☐

---

**개념 1** 100 알아보기

**02** ☐ 안에 알맞은 수를 써넣으시오.

┌ 93보다 ☐ 만큼 더 큰 수

100 ┼ 80보다 ☐ 만큼 더 큰 수

└ 50보다 ☐ 만큼 더 큰 수

---

**개념 1** 100 알아보기

**03** 수아는 딱지를 94장 모았습니다. 100장을 모으려면 딱지는 몇 장 더 필요합니까?

( )

---

**개념 2** 몇백 알아보기

**04** 한 상자에 100장씩 들어 있는 마스크가 3상자 있습니다. 마스크는 모두 몇 장입니까?

( )

---

**개념 2** 몇백 알아보기

**05** 곶감이 한 줄에 10개씩 꽂혀 있습니다. 70 줄에 꽂혀 있는 곶감은 모두 몇 개입니까?

( )

---

**개념 2** 몇백 알아보기

**06** 한 상자에 100개씩 들어 있는 귤이 8상자 있습니다. 그중에서 4상자를 팔았다면 남은 귤은 몇 개입니까?

( )

+ 개념

## 3 세 자리 수 알아보기

(1) 235 알아보기

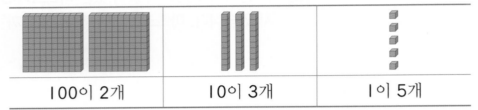

| 100이 2개 | 10이 3개 | 1이 5개 |
|:---:|:---:|:---:|

➡ 쓰기 235   읽기 이백삼십오

(2) 세 자리 수의 쓰기와 읽기

① 수를 쓸 때 사백칠십육은 476이라고 쓰고, 400706이라고 쓰지 않습니다.

② 수를 읽을 때 0이 있는 자리는 읽지 않습니다.

505 ➡ 오백오, 320 ➡ 삼백이십

## 4 각 자리의 숫자가 나타내는 수

• 371에서 각 자리의 숫자가 나타내는 값

| 백의 자리 | 십의 자리 | 일의 자리 |
|:---:|:---:|:---:|
| 3 | 7 | 1 |

⬇

| 3 | 0 | 0 |
|:---:|:---:|:---:|
|  | 7 | 0 |
|  |  | 1 |

① 3은 백의 자리 숫자이고 300을 나타냅니다.

② 7은 십의 자리 숫자이고 70을 나타냅니다.

③ 1은 일의 자리 숫자이고 1을 나타냅니다.

$$371 = 300 + 70 + 1$$

➕ 숫자 5가 나타내는 수
5̲93 ➡ 500, 85̲4 ➡ 50,
31̲5 ➡ 5
자리에 따라 나타내는 수가
다릅니다.

**개념 3** 세 자리 수 알아보기

**07** 빈 곳에 알맞은 말이나 수를 써넣으시오.

| 694 | |
|---|---|
| | 칠백십이 |
| 405 | |

**개념 3** 세 자리 수 알아보기

**08** 공책이 100권씩 2묶음과 10권씩 5묶음, 낱개로 9권이 있습니다. 공책은 모두 몇 권 입니까?

( )

**개념 3** 세 자리 수 알아보기

**09** 100이 8개, 10이 3개, 1이 9개인 세 자리 수가 있습니다. 이 수의 백의 자리 숫자는 무엇입니까?

( )

**개념 4** 각 자리의 숫자가 나타내는 수

**10** 밑줄 친 숫자가 얼마를 나타내는지 쓰시오.

(1) 6<u>3</u>2 ➡ ( )

(2) 1<u>6</u>1 ➡ ( )

(3) 8<u>7</u>4 ➡ ( )

**개념 4** 각 자리의 숫자가 나타내는 수

**11** 숫자 5가 50을 나타내는 수를 모두 찾아 쓰시오.

652, 510, 185, 754, 235

( )

**개념 4** 각 자리의 숫자가 나타내는 수

**12** ㉠이 나타내는 값은 ㉡이 나타내는 값이 몇 개인 수입니까?

2 7 2
㉠ ㉡

( )

## 5 뛰어 세기

(1) 100씩 뛰어 세기

356 — 456 — 556 — 656 — 756 — 856

➡ 백의 자리 숫자가 1씩 커집니다.

(2) 10씩 뛰어 세기

439 — 449 — 459 — 469 — 479 — 489

➡ 십의 자리 숫자가 1씩 커집니다.

(3) 1씩 뛰어 세기

714 — 715 — 716 — 717 — 718 — 719

➡ 일의 자리 숫자가 1씩 커집니다.

(4) 1000 알아보기
① 999보다 1만큼 더 큰 수는 1000입니다.
② 1000은 천이라고 읽습니다.

## 6 크기 비교

(1) 두 수의 크기 비교
① 백의 자리 숫자가 클수록 더 큰 수입니다.
② 백의 자리 숫자가 같으면 십의 자리 숫자가 클수록 더 큰 수입니다.
③ 백의 자리, 십의 자리 숫자가 각각 같으면 일의 자리 숫자가 클수록 더 큰 수입니다.

예 ① $534 > 279$  ② $615 < 628$  ③ $381 < 385$
$5>2$            $1<2$            $1<5$

(2) 세 수의 크기 비교
세 수의 크기를 비교할 때에는 두 수씩 비교하거나 세 수를 한꺼번에 비교합니다.

**개념 5** 뛰어 세기

**13** 뛰어 센 것입니다. 빈칸에 알맞은 수를 써넣으시오.

| 340 | 350 | 360 | | | |

**개념 5** 뛰어 세기

**14** 884에서 100씩 거꾸로 4번 뛰어 센 수는 얼마입니까?

( )

**개념 5** 뛰어 세기

**15** |보기|의 규칙과 같은 방법으로 뛰어 세 보시오.

|보기|

| 823 | 824 | 825 | 826 | 827 |

| 523 | | | | |

**개념 6** 크기 비교

**16** 두 수의 크기를 비교하여 ○ 안에 > 또는 < 를 알맞게 써넣으시오.

(1) 864 ◯ 670

(2) 428 ◯ 456

(3) 219 ◯ 215

**개념 6** 크기 비교

**17** 큰 수부터 차례로 기호를 쓰시오.

| ㉠ 381 | ㉡ 375 | ㉢ 412 |

( )

**개념 6** 크기 비교

**18** 구슬을 지후는 271개, 준우는 264개 가지고 있습니다. 누가 구슬을 더 많이 가지고 있습니까?

( )

### 유형 1  100 알아보기

예서는 연필 100자루를 한 상자에 10자루씩 담으려고 합니다. 상자가 6개 있다면 몇 개의 상자가 더 필요합니까?

**풀이** 100은 10이 10개인 수이므로 연필 100자루를 한 상자에 10자루씩 담으려면 상자가 ☐개 필요합니다.

따라서 상자가 6개 있으므로 더 필요한 상자는

10 − ☐ = ☐ (개)입니다.

▶쏙쏙원리
100은 10이 10개인 수입니다.

**답**

---

**1-1** 승준이는 일주일 동안 수학 문제집 100쪽을 풀기로 했습니다. 4일 동안 70쪽을 풀었다면 몇 쪽을 더 풀어야 합니까?

(        )

**1-2** 한 상자에 10개씩 들어 있는 비누 10상자가 있었습니다. 이 중에서 2상자를 사용했다면 남은 비누는 몇 개입니까?

(        )

**1-3** 50원짜리 동전 1개와 10원짜리 동전 2개가 있습니다. 100원이 되려면 10원짜리 동전이 몇 개 더 있어야 합니까?

(        )

## 유형 2 세 자리 수 알아보기

사과가 100개씩 6상자, 10개씩 15상자, 낱개로 8개 있습니다. 사과는 모두 몇 개입니까?

**풀이**

100개씩  6상자 → ☐ 개

10개씩  15상자 → ☐ 개

1개씩  8개  →  ☐ 개

_____

☐ 개

따라서 사과는 모두 ☐ 개입니다.

**답**

▶ 쏙쏙원리
10이 ■▲개이면 100이 ■개, 10이 ▲개인 수입니다.

**2-1** 다음이 나타내는 수는 100이 몇 개인 수와 같습니까?

> 100이 2개, 10이 30개인 수

( )

**2-2** 100이 4개, 10이 7개, 1이 23개인 수를 구하시오.

( )

**2-3** 색종이가 100장씩 5묶음, 10장씩 14묶음, 낱장으로 37장 있습니다. 색종이는 모두 몇 장입니까?

( )

---

**유형 3  수의 크기 비교하기**

마트에 딸기 우유가 100개씩 2상자, 10개씩 5상자, 낱개 6개 있고, 초코 우유가 300개 있습니다. 딸기 우유와 초코 우유 중 어느 것이 더 많습니까?

**풀이**  100개씩 2상자는 ☐ 개, 10개씩 5상자는 ☐ 개,

낱개 6개이므로 딸기 우유의 개수는 ☐ 개입니다.

☐ < ☐ 이므로 마트에는 ☐ 가 더 많습니다.

▶ **쏙쏙원리**
높은 자리의 수가 클수록 큰 수입니다.

답

---

**3-1**  ㉠과 ㉡ 중 더 큰 수는 어느 것입니까?

> ㉠은 410보다 50만큼 더 큰 수입니다.
> ㉡보다 100만큼 더 작은 수는 349입니다.

(             )

---

**3-2**  큰 수부터 차례대로 기호를 쓰시오.

> ㉠ 육백삼십칠
> ㉡ 100이 5개, 10이 8개, 1이 11개인 수
> ㉢ 100이 3개, 10이 22개인 수

(             )

## 유형4 뛰어 세기

어떤 수에서 100씩 2번 뛰어 세면 851입니다. 어떤 수에서 10씩 4번 뛰어 세면 얼마인지 구하시오.

**풀이**

851에서 100씩 거꾸로 2번 뛰어 세면

851 - ☐ - ☐ 이므로 어떤 수는 ☐ 입니다.

☐ 에서 10씩 4번 뛰어 세면

☐ - ☐ - ☐ - ☐ - ☐ 입니다.

▶ **쏙쏙원리**
851에서 100씩 거꾸로 2번 뛰어 센 수가 어떤 수입니다.

**답**

---

**4-1** 어떤 수에서 10씩 거꾸로 3번 뛰어 세면 538입니다. 어떤 수에서 1씩 5번 뛰어 세면 얼마인지 구하시오.

(          )

---

**4-2** 뛰어 세는 규칙을 찾아 빈칸에 알맞은 수를 써넣으시오.

742 - ☐ - ☐ - 745 - ☐ - ☐

---

**4-3** | 보기 | 와 같은 규칙으로 386에서 6번 뛰어 센 수를 구하시오.

| 보기 |
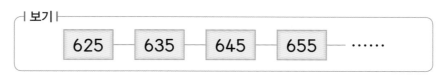

625 - 635 - 645 - 655 - ……

(          )

**유형 5  수 카드로 세 자리 수 만들기**

수 카드 6 , 0 , 2 , 7 중에서 3장을 골라 한 번씩 사용하여 세 자리 수를 만들려고 합니다. 만들 수 있는 수 중에서 가장 작은 세 자리 수를 구하시오.

**풀이**  숫자의 크기를 비교하면 0< ☐ < ☐ < ☐ 입니다. 가장 작은 세 자리 수는 높은 자리에 작은 숫자부터 차례로 놓습니다. ☐ 은 백의 자리에 올 수 없으므로 백의 자리에 두 번째로 작은 숫자인 ☐ 를 놓은 다음 작은 숫자부터 차례로 쓰면 가장 작은 세 자리 수는 ☐ 입니다.

▶ 쏙쏙원리
0은 백의 자리에 올 수 없습니다.

**답**

**5-1**  수 카드 4 , 2 , 0 , 9 중에서 3장을 골라 한 번씩 사용하여 세 자리 수를 만들려고 합니다. 만들 수 있는 수 중에서 가장 큰 세 자리 수를 구하시오.

(        )

**5-2**  수 카드 5 , 0 , 3 , 8 중에서 3장을 골라 한 번씩 사용하여 세 자리 수를 만들려고 합니다. 만들 수 있는 수 중에서 두 번째로 작은 세 자리 수를 구하시오.

(        )

**유형 6** □ 안에 들어갈 수 있는 숫자 구하기

1부터 9까지의 숫자 중에서 ■ 안에 들어갈 수 있는 숫자를 모두 구하시오.

654 < 6■5

**풀이** 654 < 6■5에서 백의 자리는 6으로 같고, 일의 자리는 4 < 5이므로 ■ 안에 들어갈 수 있는 숫자는 ☐이거나 5보다 큽니다.

따라서 ■ 안에 들어갈 수 있는 숫자는 ☐, ☐, ☐, ☐, ☐입니다.

**답**

▶ 쏙쏙원리
높은 자리부터 순서대로 크기를 비교합니다.

**6-1** 0부터 9까지의 숫자 중에서 □ 안에 들어갈 수 있는 숫자를 모두 구하시오.

341 > 3☐8

(        )

**6-2** 0부터 9까지의 숫자 중에서 □ 안에 공통으로 들어갈 수 있는 숫자를 구하시오.

23☐ < 236,    ☐74 > 521

(        )

**유형 7** 조건을 만족하는 세 자리 수 구하기

다음 조건을 만족하는 세 자리 수를 모두 구하시오.

> • 백의 자리 숫자는 7이고, 일의 자리 숫자는 2입니다.
> • 736보다 크고 761보다 작습니다.

**풀이** 십의 자리 숫자를 ■라 하면 백의 자리 숫자가 □, 십의 자리 숫자가 ■, 일의 자리 숫자가 □인 세 자리 수는 □ 입니다.

736보다 크고 761보다 작은 수 중에서 7■2를 구하면 □, □ 입니다.

▶ 쏙쏙원리
십의 자리 숫자를 ■라 하여 세 자리 수를 만들어 봅니다.

**답**

**7**-1 다음 조건을 만족하는 세 자리 수를 구하시오.

> • 423보다 크고 461보다 작습니다.
> • 백의 자리 숫자와 일의 자리 숫자가 같습니다.
> • 십의 자리 숫자와 일의 자리 숫자의 합은 9입니다.

( )

**7**-2 다음 조건을 만족하는 세 자리 수를 구하시오.

> • 일의 자리 숫자는 십의 자리 숫자보다 3 작은 수입니다.
> • 백의 자리 숫자는 600을 나타냅니다.
> • 각 자리의 숫자의 합은 15입니다.

( )

**01** 사과는 한 바구니에 10개씩, 자두는 한 바구니에 100개씩 담으려고 합니다. 사과 350개와 자두 400개를 각각 바구니에 담으려면 바구니는 모두 몇 개 필요합니까?

> 사과를 10개씩, 자두를 100개씩 담을 때 필요한 바구니 수를 각각 구합니다.

(          )

**02** 주어진 세 수에서 밑줄 친 숫자가 나타내는 값들의 합을 구하시오.

| 4<u>1</u>8     <u>7</u>21     1<u>35</u> |

> 세 자리 수 ■▲●
> 백의 자리 ←
> 십의 자리 ←
> 일의 자리 ←

(          )

**03** 6장의 수 카드 중에서 3장을 골라 한 번씩 사용하여 세 자리 수를 만들려고 합니다. 만들 수 있는 수 중에서 백의 자리 숫자가 5인 가장 큰 수와 십의 자리 숫자가 3인 가장 작은 수를 차례로 구하시오.

> 정해진 자리에 숫자를 놓고 나머지 숫자의 크기를 비교합니다.

0   3   8   4   5   7

(       ), (       )

서술형

**04** 십의 자리 숫자가 7인 세 자리 수 중에서 각 자리 숫자의 합이 20인 수는 모두 몇 개인지 풀이 과정을 쓰고 답을 구하시오.

🚩 (백의 자리 숫자)+(십의 자리 숫자)+(일의 자리 숫자)=20

풀이

답

**05** 어느 아파트의 각 동에서 모은 빈 병의 수를 나타낸 것입니다. 빈 병을 많이 모은 동부터 차례로 쓰시오.

> 101동: 100개씩 2상자, 10개씩 14상자, 낱개 5개
> 102동: 100개씩 3상자, 10개씩 8상자, 낱개 11개
> 103동: 100개씩 2상자, 10개씩 21상자, 낱개 37개

(                    )

🚩 10이 ■●개인 수
➡ 100이 ■개, 10이 ●개인 수
낱개가 ▲★개인 수
➡ 10이 ▲개, 낱개가 ★개인 수

**06** 200과 300 사이에 있는 세 자리 수 중에서 숫자 3이 들어 있는 수는 모두 몇 개입니까?

(                    )

🚩 일의 자리 숫자가 3인 경우와 십의 자리 숫자가 3인 경우로 나누어 생각합니다.

**07** ㉠과 ㉡이 나타내는 수가 같을 때, ◆에 알맞은 수를 구하시오.

> ㉠ 10이 ◆개인 수
> ㉡ 100이 2개, 10이 52개, 1이 40개인 수

(                    )

㉡이 나타내는 수를 먼저 구합니다.

**08** 준서는 470부터 40씩 뛰어 세고, 현우는 620부터 30씩 뛰어 셉니다. 두 사람이 처음으로 같은 수가 나올 때까지 뛰어 센다면 준서와 현우는 각각 몇 번 뛰어 세겠습니까?

준서 (                    ), 현우 (                    )

**09** 주아는 500원짜리 동전 1개, 100원짜리 동전 2개, 10원짜리 동전 19개를 가지고 있고, 수연이는 100원짜리 동전 6개, 50원짜리 동전 5개, 10원짜리 동전 11개를 가지고 있습니다. 돈을 더 많이 가지고 있는 사람은 누구입니까?

(                    )

50원짜리 동전 ■개는 50씩 ■번 뛰어 센 것과 같습니다.

서술형

**10** 다음이 나타내는 세 자리 수에서 10씩 2번 뛰어 센 후, 1씩 3번 뛰어 센 수는 얼마인지 풀이 과정을 쓰고 답을 구하시오.

> 100이 3개, 10이 17개, 1이 21개인 수

> 10이 ■▲개인 수는 100이 ■개, 10이 ▲개인 수입니다.

**풀이**

**답**

**11** 어떤 수보다 100만큼 더 큰 수는 854입니다. 어떤 수에서 20씩 4번 뛰어 센 수는 얼마입니까?

( )

> ●보다 ▲만큼 더 큰 수는 ◆입니다.
> ➡ ◆보다 ▲만큼 더 작은 수는 ●입니다.

**12** □ 안에는 0부터 9까지의 숫자가 들어갈 수 있을 때, 크기가 큰 수부터 차례로 기호를 쓰시오.

> ㉠ 35□    ㉡ 49□    ㉢ 31□    ㉣ 489

( )

> 백의 자리, 십의 자리, 일의 자리를 차례로 비교합니다.

**13** 규칙을 찾아 ㉠과 ㉡에 알맞은 수를 각각 구하시오.

㉠ (            ), ㉡ (           )

> 일의 자리 숫자와 십의 자리 숫자가 얼마만큼씩 변하는지 알아봅니다.

**14** 수 모형 6개 중 4개를 사용하여 나타낼 수 있는 세 자리 수는 모두 몇 개인지 구하시오.

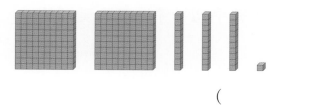

(            )

> 세 자리 수를 만들어야 하므로 백 모형 1개는 꼭 사용해야 합니다.

**15** 수 카드 ③, ⑤, ⑤, ⑦ 중 3장을 한 번씩 사용하여 세 자리 수를 ㉠개 만들 수 있습니다. 수 카드 ⓪, ④, ⑥, ⑨ 중 3장을 한 번씩 사용하여 세 자리 수를 ㉡개 만들 수 있습니다. ㉠, ㉡의 값을 각각 구하시오.

㉠ (            ), ㉡ (           )

> 수 카드 5는 2장이므로 2번 사용할 수 있습니다.

**01** 다음은 어느 문구점에서 판매한 문구의 종류와 그 수입니다. □ 안에는 모두 같은 숫자가 들어갈 때, 가장 많이 판매한 문구와 가장 적게 판매한 문구를 차례로 쓰시오.

| 연필 | 지우개 | 볼펜 | 공책 |
|---|---|---|---|
| 2□7자루 | 39□개 | 20□자루 | 3□2개 |

(            ), (            )

서술형

**02** 세 자리 수 ㉠㉡㉢이 있습니다. ㉠이 ㉢보다 2만큼 작고, ㉡이 ㉢보다 3만큼 클 때, 세 자리 수 ㉠㉡㉢이 될 수 있는 수는 모두 몇 개인지 풀이 과정을 쓰고 답을 구하시오.

풀이

답

**03** 서율이가 과녁에 화살을 10번 쏘아 480점을 얻었습니다. 50점짜리를 몇 번 맞혔습니까?
(단, 과녁 밖으로 빗나간 화살은 없습니다.)

(            )

**창의 ⓤ 융합**

**04** 유찬이는 가족들과 방 탈출 게임을 하고 있는데 다음 미션 카드를 금고 옆에서 발견하였습니다. 금고의 비밀번호를 구하시오.

◎ 미션 카드 ◎

아래를 모두 만족하는 수의 개수를 구하여 그 수를 금고에 입력하시오.

· 각 자리의 숫자가 모두 다른 세 자리 수 입니다.

· 백의 자리 숫자가 일의 자리 숫자보다 작습니다.

· 십의 자리 숫자가 백의 자리 숫자보다 5 큽니다.

(          )

**05** 서로 다른 한 자리 수가 적힌 3장의 카드 중 1장이 뒤집혀 있습니다. 수 카드를 한 번씩 사용하여 만들 수 있는 세 자리 수 중 두 번째로 작은 수가 47■일 때, 만들 수 있는 가장 큰 수를 모두 구하시오.

(          )

## Doggy Bag
(식당에서) 남은 음식을 싸 가는 봉지

# 여러 가지 도형

## 2

이 단원에서
완성할 내용

# 2. 여러 가지 도형

+ 개념

## 1 삼각형 알아보기

(1) 삼각형: △, ◺, ◿ 와 같은 모양의 도형

(2) 삼각형의 특징
 ① 모든 선이 곧은 선이고, 뾰족한 부분이 있습니다.
 ② 곧은 선을 변이라 하고 두 곧은 선이 만나는 점을 꼭짓점이라 합니다.
 ③ 변이 3개, 꼭짓점이 3개입니다.

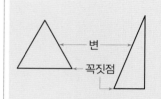
변
꼭짓점

## 2 사각형 알아보기

(1) 사각형: ▢, ⬠, ◇ 와 같은 모양의 도형

(2) 사각형의 특징
 ① 모든 선이 곧은 선이고, 뾰족한 부분이 있습니다.
 ② 곧은 선을 변이라 하고 두 곧은 선이 만나는 점을 꼭짓점이라 합니다.
 ③ 변이 4개, 꼭짓점이 4개입니다.

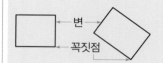
변
꼭짓점

미리보기 초3-1, 초4-1
세 변의 길이가 같은 삼각형을 정삼각형, 네 변의 길이가 같은 사각형을 정사각형이라 합니다.

## 3 원 알아보기

(1) 원: ◯, ◯, ◯ 와 같은 모양의 도형

(2) 원의 특징
 ① 어느 쪽에서 보아도 똑같이 동그란 모양입니다.
 ② 뾰족한 부분이 없습니다.
 ③ 곧은 선이 없습니다.
 ④ 크기는 다르지만 생긴 모양이 서로 같습니다.

➕ 원이 아닌 이유

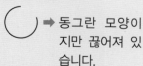
➡ 동그란 모양이지만 끊어져 있습니다.

➡ 어느 쪽에서 보아도 똑같이 동그란 모양이 아닙니다.

**개념 1** 삼각형 알아보기

**01** 다음 중 삼각형은 어느 것입니까? (    )

 ①  ②  ③

 ④  ⑤

**개념 1** 삼각형 알아보기

**02** 그림에서 삼각형은 모두 몇 개입니까?

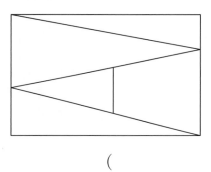

(            )

**개념 2** 사각형 알아보기

**03** 사각형은 삼각형보다 몇 개 더 많습니까?

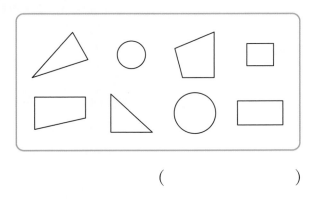

(            )

**개념 2** 사각형 알아보기

**04** 색종이를 선을 따라 잘랐을 때 사각형이 5개 생기는 것의 기호를 쓰시오.

가 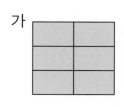    나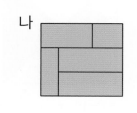

(            )

**개념 3** 원 알아보기

**05** 원을 모두 찾아 색칠하시오.

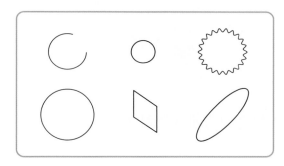

**개념 3** 원 알아보기

**06** 원은 모두 몇 개입니까?

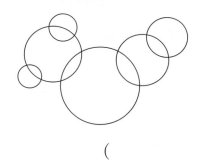

(            )

2

여러 가지 도형

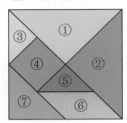

## 4  칠교판으로 모양 만들기

### (1) 칠교판 알아보기

| 삼각형 | 사각형 |
|--------|--------|
| ①, ②, ③, ⑤, ⑦ | ④, ⑥ |

➕ 칠교판 조각에서
- ①번 삼각형은 ⑦번 삼각형 2개와 크기가 같습니다.
- ⑦번 삼각형은 ③번 삼각형 2개와 크기가 같습니다.

### (2) 칠교판 조각으로 도형 만들기

삼각형:      사각형:

## 5  쌓은 모양 알아보기

### (1) 쌓은 모양을 보고 똑같이 쌓기

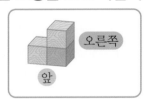

 ➡

파란색 쌓기나무의 왼쪽에 1개를 놓습니다.     파란색 쌓기나무의 위에 1개를 놓습니다.

➕ 쌓기나무의 전체적인 모양, 쌓기나무의 수, 쌓기나무를 놓는 위치나 방향, 쌓기나무의 층수 등을 생각하며 쌓습니다.

### (2) 쌓은 모양에서 위치 찾기

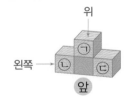

초록색 쌓기나무의
- 위에 있는 쌓기나무: ㉠
- 왼쪽에 있는 쌓기나무: ㉡
- 오른쪽에 있는 쌓기나무: ㉢

## 6  여러 가지 모양으로 쌓아 보기

### (1) 쌓기나무 3개로 쌓기

### (2) 쌓기나무 4개로 쌓기

➕ 쌓기나무를 앞, 오른쪽에서 본 모양 그리기
- 앞에서 본 모양

└ 앞에서 보이는 면

- 오른쪽에서 본 모양

오른쪽에서 보이는 면

### (3) 쌓기나무 5개로 쌓기

### (4) 쌓기나무 6개로 쌓기

**개념 4** 칠교판으로 모양 만들기

**07** 칠교판 조각 중 삼각형은 사각형보다 몇 개 더 많습니까?

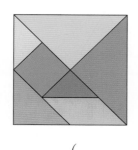

(          )

**개념 4** 칠교판으로 모양 만들기

**08** 칠교판 조각을 이용하여 만든 모양입니다. 이용한 삼각형과 사각형 모양 조각은 각각 몇 개입니까?

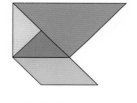

삼각형 (        )
사각형 (        )

**개념 5** 쌓은 모양 알아보기

**09** I보기I와 똑같이 쌓기 위해 2층에 놓아야 할 쌓기나무의 위치를 찾아 기호를 쓰시오.

I보기I

(          )

**개념 5** 쌓은 모양 알아보기

**10** 쌓기나무 4개를 사용하여 I층에 3개, 2층에 I개를 쌓은 모양을 찾아 기호를 쓰시오.

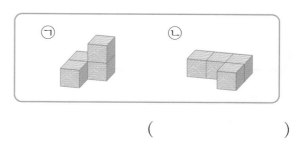

(          )

**개념 6** 여러 가지 모양으로 쌓아 보기

**11** 쌓기나무를 쌓은 모양을 보고 알맞은 말에 ○표 하시오.

쌓기나무 2개가 옆으로 나란히 있고, 오른쪽 쌓기나무의 ( 위 , 뒤 )에 쌓기 나무가 3개 있습니다.

**개념 6** 여러 가지 모양으로 쌓아 보기

**12** 쌓기나무 6개로 쌓은 모양은 어느 것입니까? (     )

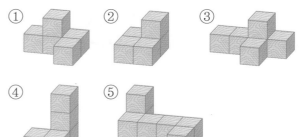

**유형 1**  **꼭짓점의 수와 변의 수 구하기**

다음 도형들의 꼭짓점은 모두 몇 개입니까?

○  □  △

**풀이**  꼭짓점이 원은 □개, 사각형은 □개, 삼각형은 □개 입니다.

따라서 세 도형의 꼭짓점은 모두

□ + □ + □ = □ (개)입니다.

▶쏙쏙원리
두 곧은 선이 만나는 점이 꼭짓점입니다.

답

**1-1**  ㉠＋㉡－㉢을 구하시오.

> • 삼각형의 변은 ㉠개입니다.
> • 사각형의 변은 ㉡개입니다.
> • 원의 꼭짓점은 ㉢개입니다.

(                    )

**1-2**  규칙을 찾아 ○ 안에 알맞은 수를 써넣으시오.

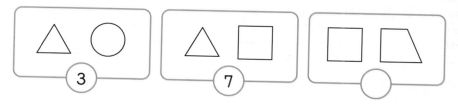

**유형2** 점들을 이어서 그릴 수 있는 도형 구하기

점들을 이어서 그릴 수 있는 사각형은 모두 몇 개입니까?

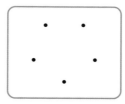

**풀이** ☐개의 점들을 이어서 그릴 수 있는 사각형을 그립니다.

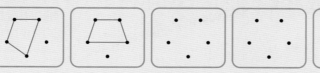

▶ **쏙쏙원리**
사각형은 꼭짓점이 4개이
므로 4개의 점들을 이어서
그립니다.

따라서 점들을 이어서 그릴 수 있는 사각형은 모두 ☐개
입니다.

**답**

**2**-1 점들을 이어서 그릴 수 있는 삼각형은 모두 몇 개입니까?

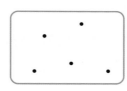

(             )

**2**-2 점들을 이어서 그릴 수 있는 사각형은 모두 몇 개입니까?

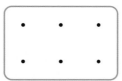

(             )

### 유형 3 색종이를 접어 만든 도형 알아보기

그림과 같이 색종이를 2번 접었다가 펼친 후 접힌 선을 따라 모두 잘랐습니다. 어떤 도형이 몇 개 만들어집니까?

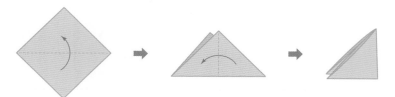

**풀이** 색종이를 접었다가 펼쳤을 때의 접힌 선을 그립니다.

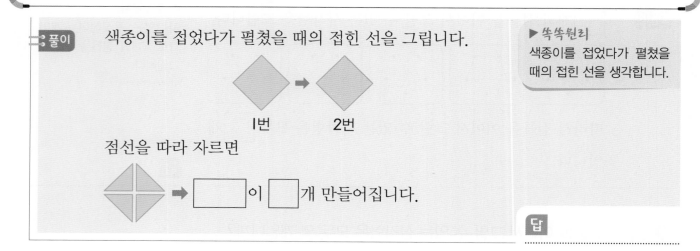

1번          2번

점선을 따라 자르면

[    ]이 [  ]개 만들어집니다.

▶ 쏙쏙원리
색종이를 접었다가 펼쳤을 때의 접힌 선을 생각합니다.

답

**3-1** 그림과 같이 색종이를 3번 접었다가 펼친 후 접힌 선을 따라 모두 잘랐습니다. 어떤 도형이 몇 개 만들어집니까?

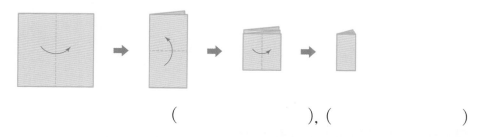

(                    ), (                    )

**3-2** 유형3 과 같은 방법으로 오른쪽 색종이를 2번 더 접었다가 펼친 후 접힌 선을 따라 모두 잘랐습니다. 어떤 도형이 몇 개 만들어집니까?

(                    ), (                    )

**유형 4** **똑같은 모양 만들기**

왼쪽 모양을 오른쪽 모양과 똑같은 모양으로 만들려고 합니다. 쌓기나무는 몇 개 더 필요합니까?

📝 풀이

오른쪽 모양은 1층에 ☐개, 2층에 ☐개로 쌓기나무의

개수는 ☐개입니다.

왼쪽 모양은 1층에 ☐개, 2층에 ☐개로 쌓기나무의

개수는 ☐개입니다.

따라서 왼쪽 모양에 더 필요한 쌓기나무는

☐ ― ☐ = ☐(개)입니다.

▶ **쏙쏙원리**
각 모양에 쌓인 쌓기나무의 수를 셉니다.

답

**4 - 1** 왼쪽 모양을 오른쪽 모양과 똑같이 만들려고 합니다. 왼쪽 모양에서 빼야 하는 쌓기나무를 찾아 ○표 하시오.

**4 - 2** 왼쪽 모양과 똑같이 만들려고 합니다. 재준이와 시우 중 쌓기나무가 더 많이 필요한 사람은 누구이고, 몇 개 필요합니까?

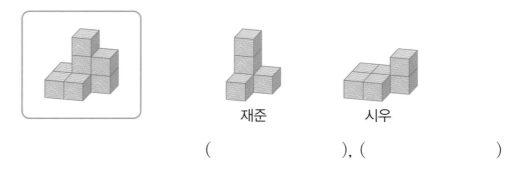

재준          시우

(             ), (       )

**유형 5** 크고 작은 도형의 수 구하기

그림에서 찾을 수 있는 크고 작은 삼각형은 모두 몇 개입니까?

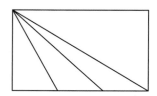

**풀이**

도형 1개로 이루어진 삼각형은
①, ☐, ☐, ☐입니다.

도형 2개로 이루어진 삼각형은 ①＋②, ☐입니다.

도형 3개로 이루어진 삼각형은 ①＋②＋③입니다.

따라서 찾을 수 있는 크고 작은 삼각형은 모두 ☐개입니다.

▶ 쏙쏙원리
도형 1개, 2개, 3개로 이루어진 삼각형을 구합니다.

답

**5-1** 그림에서 찾을 수 있는 크고 작은 사각형은 모두 몇 개입니까?

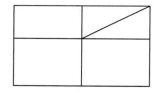

( )

**5-2** 그림에서 찾을 수 있는 크고 작은 삼각형과 사각형은 각각 몇 개인지 구하시오.

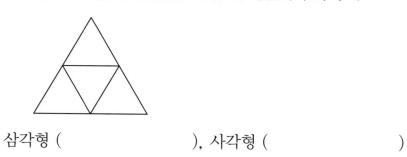

삼각형 ( ), 사각형 ( )

**유형6** **설명에 맞는 모양 찾기**

모양을 보고 바르게 설명한 것을 찾아 기호를 쓰시오.

오른쪽

앞

⑦ 쌓기나무 6개로 쌓은 모양입니다.
ⓛ I층에 3개, 2층에 2개, 3층에 I개를 쌓았습니다.
ⓒ 쌓기나무 3개가 옆으로 나란히 있고 오른쪽 쌓기나무 앞에 I개, 가운데 쌓기나무 위에 2개가 있습니다.

**풀이**

• 쌓기나무는 I층에 ☐ 개, 2층에 ☐ 개, 3층에 ☐ 개 있으므로 모두 ☐ 개를 사용했습니다. …… ⑦, ⓛ

• 쌓기나무 3개가 옆으로 나란히 있고, ☐ 쪽 쌓기나무 앞에 I개, 가운데 쌓기나무 위에 2개가 있습니다. …… ⓒ

따라서 바르게 설명한 것은 ☐ 입니다.

▶**쏙쏙원리**
각 층에 쌓인 쌓기나무 수를 세어 봅니다.

**답**

**6**-1 다음 설명에 맞는 모양을 찾아 기호를 쓰시오.

• 쌓기나무 6개로 쌓은 모양입니다.
• 3층으로 쌓은 모양입니다.
• I층에는 쌓기나무 4개가 놓여 있습니다.

가          나          다

(           )

## 유형 7 칠교판 조각으로 여러 가지 모양 만들기

칠교판의 4조각을 이용하여 오른쪽 모양을 만들어 보시오.

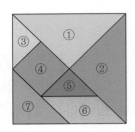 ➡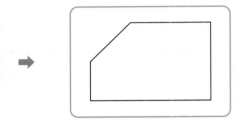

풀이 주어진 도형과 변의 길이가 맞는 조각을 찾으면 ①, ☐,

③, ④ 조각을 찾을 수 있습니다.

도형 안에 가장 큰 조각 ①, ☐를 먼저 채우고, 길이가

같은 변끼리 만나도록 남은 조각 ③, ☐를 채웁니다.

▶쏙쏙원리
주어진 도형 안에 가장 큰 조각부터 채워 넣습니다.

**7-1** ③, ④, ⑤ 세 조각을 모두 이용하여 만들 수 <u>없는</u> 도형을 모두 고르시오.

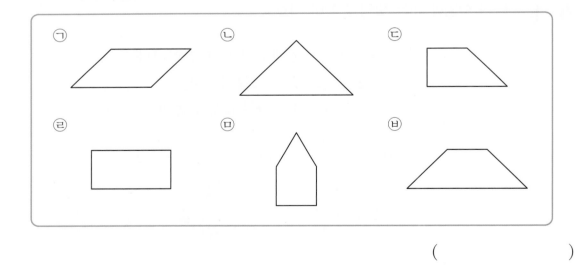

( )

## STEP B 종합응용력완성

**01** 사각형에 적힌 수의 합을 구하시오.

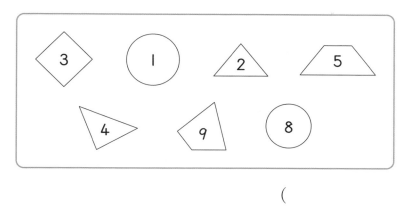

(            )

🚩 사각형은 변이 4개, 꼭짓점이 4개입니다.

**02** 다음은 여러 가지 도형으로 만든 모양입니다. 각 도형을 몇 개씩 이용한 것인지 빈칸에 알맞은 수를 써넣으시오.

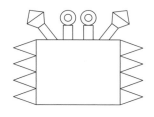

| 도형 | 개수(개) |
|------|---------|
| 삼각형 | |
| 사각형 | |
| 원 | |

🚩 각 도형을 ×, ★, ∨를 이용하여 빠짐없이 세어 봅니다.

**03** 삼각형 3개의 꼭짓점의 수의 합은 ㉠, 원 2개의 변의 수의 합은 ㉡, 사각형 1개의 변의 수의 합은 ㉢입니다. ㉠-㉡-㉢의 값을 구하시오.

(            )

🚩 원은 곧은 선이 없습니다.

**04** |보기|의 쌓기나무 중 한 개만 옮겨 만들 수 <u>없는</u> 모양을 찾아 기호를 쓰시오.

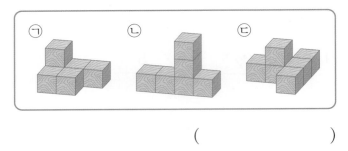

(          )

**05** 칠교판 조각을 모두 한 번씩 이용하여 오른쪽 모양을 만들어 보시오.

▸ 모양 안에 가장 큰 조각부터 먼저 채웁니다.

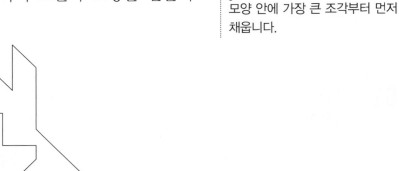

**06** 다음은 곧은 선 6개로 이루어진 모양입니다. 곧은 선 2개를 그어 선을 따라 잘랐을 때 삼각형 1개와 사각형 3개가 되도록 선을 그어 보시오.

▸ 이웃하지 않는 두 꼭짓점을 먼저 연결하고 나머지 선을 그어 봅니다.

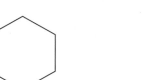

**07** 쌓기나무를 준희와 수호가 13개씩 가지고 있었습니다. 두 사람이 다음과 같은 모양을 만들었다면 쌓기나무가 더 많이 남은 사람은 누구인지 풀이 과정을 쓰고 답을 구하시오.

(남은 쌓기나무의 수)
＝(가지고 있던 쌓기나무의 수)
　－(사용한 쌓기나무의 수)

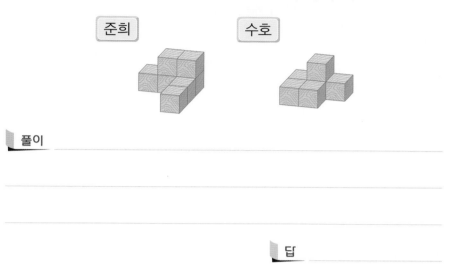

준희　　　　　　수호

**풀이**

**답**

**08** 가 그림에서 가장 많이 이용한 도형의 개수와 나 그림에서 가장 많이 이용한 도형의 개수의 합을 구하시오.

각 그림에서 삼각형, 사각형, 원을 이용한 개수를 구합니다.

가　　　　　　　　　　　　나

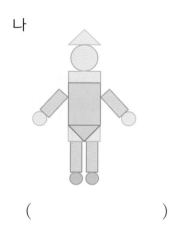

(　　　　　　　　)

**09** 다음 조건에 맞게 왼쪽 모양에 쌓기나무를 쌓을 때 나올 수 있는 경우는 몇 가지입니까?

• 왼쪽 모양에 쌓기나무 1개를 더 쌓습니다.
• 2층으로 쌓습니다.

(        )

조건에 맞게 쌓기나무를 올리는 경우를 생각해 봅니다.

**10** 오른쪽 색종이를 점선을 따라 잘랐을 때 생기는 삼각형의 꼭짓점의 수와 사각형의 변의 수의 합은 몇 개입니까?

(        )

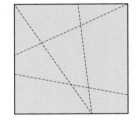

점선을 따라 잘랐을 때 생기는 삼각형과 사각형의 개수를 구합니다.

**11** 다음과 같이 쌓기나무를 쌓으려고 합니다. 가 모양 4개, 나 모양 3개를 만든다면 쌓기나무는 모두 몇 개 필요한지 구하시오. (단, 보이지 않는 뒤쪽에는 쌓기나무가 없습니다.)

가                  나

(        )

가 모양과 나 모양을 1개 만드는 데 필요한 쌓기나무의 수를 먼저 구합니다.

**12** 오른쪽 그림에서 ♥를 포함하는 크고 작은 사각형은 모두 몇 개입니까?

( )

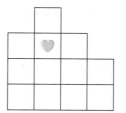

**13** 그림과 같이 색종이를 접은 후 빨간색 선을 따라 잘랐습니다. 자른 도형을 펼치면 어떤 도형들이 몇 개 만들어지는지 구하시오.

🚩 색종이를 거꾸로 펼쳐 보며 잘리는 부분을 그려 봅니다.

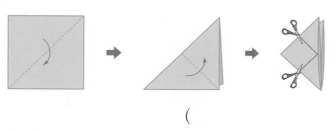

( )

**14** 규칙에 따라 쌓기나무를 쌓았습니다. 맨 아래층의 쌓기나무의 개수가 19개라면 몇 층까지 쌓은 것입니까?

🚩 쌓기나무의 수가 맨 위층부터 내려가면서 몇 개씩 많아지는지 구합니다.

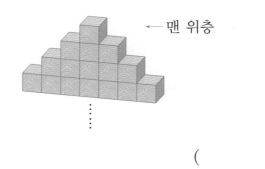

← 맨 위층

( )

**15** 모든 변의 길이가 서로 같은 사각형 1개와 삼각형 3개가 있습니다. 이 4개의 도형을 변끼리 이어 붙여 만들 수 있는 도형은 모두 몇 가지입니까? (단, 돌리거나 뒤집어서 같은 모양이 나오면 한 가지로 봅니다.)

사각형의 한 변에 삼각형 1개를 붙이고, 나머지 삼각형을 붙여 봅니다.

( )

**창의 융합**

**16** 쌓기나무를 한 개씩 옮겨서 다른 모양을 만든 것입니다. □ 안에 알맞은 모양의 기호를 써넣으시오. (단, 쌓기나무 모양을 돌리거나 뒤집지 않습니다.)

먼저 쌓은 모양과 나중에 쌓은 모양의 관계를 살펴봅니다.

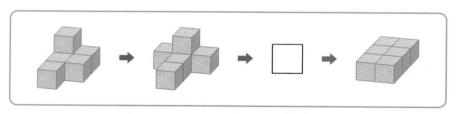

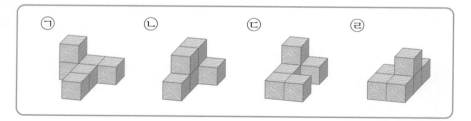

# STEP A 최상위실력완성

**01** |**보기**|의 블록을 여러 개 사용하여 오른쪽 모양
을 만들었습니다. 이 모양을 위에서 보면 다음과
같을 때, |**보기**|의 각 블록을 몇 개씩 사용했는
지 구하시오.

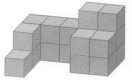

〈위에서 본 모양〉        |**보기**|

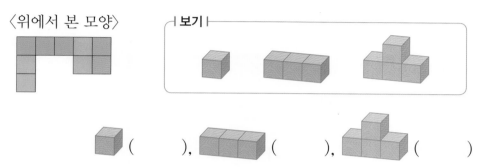

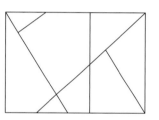 (          ),          (          ),          (          )

**02** 오른쪽 그림에서 찾을 수 있는 크고 작은 사
각형은 모두 몇 개입니까?

(                    )

**03** |**보기**|는 도형 안에 점이 l개 있는 사각형을 그린 것입니다. 오른쪽
도형 안에 점이 l개 있는 삼각형은 몇 개인지 구하시오. (단, 위치가
달라도 모양과 크기가 같으면 한 가지로 봅니다.)

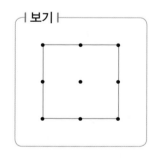

|**보기**|

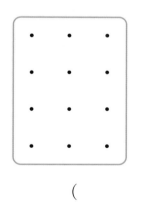

(                    )

# 자 격 증

가위바위보 2급

위 사람은 가위바위보에
탁월한 능력을 갖추었기에
2급의 자격을 수여함

각자 의견이 달라 결정하기 어려우면 가위바위보로 정할 때가 있습니다.

지더라도 결과를 깨끗이 받아들이고

서로 정한 규칙은 소중히 지키는 멋진 우리들!

# 덧셈과 뺄셈

## 3

이 단원에서
완성할 내용

# 3. 덧셈과 뺄셈

## 1 (두 자리 수)＋(한 자리 수)

일의 자리 수끼리의 합이 10이거나 10이 넘으면 십의 자리로 받아올림하여 계산합니다.

· 27＋5의 계산

$$\begin{array}{r} 2\ 7 \\ +\ \ \ 5 \\ \hline \end{array} \Rightarrow \begin{array}{r} \overset{1}{2}\ 7 \\ +\ \ \ 5 \\ \hline 2 \end{array} \Rightarrow \begin{array}{r} \overset{1}{2}\ 7 \\ +\ \ \ 5 \\ \hline 3\ 2 \end{array}$$

　　　　　　　　　↳7＋5＝12　　↳1＋2＝3

> **＋개념**
>
> ◆ 일의 자리에서 받아올림한 수가 있으면 십의 자리 수에 더합니다.

## 2 (두 자리 수)＋(두 자리 수)

십의 자리 수끼리의 합이 10이거나 10이 넘으면 백의 자리로 받아올림하여 계산합니다.

· 68＋59의 계산

$$\begin{array}{r} 6\ 8 \\ +\ 5\ 9 \\ \hline 7 \end{array} \Rightarrow \begin{array}{r} \overset{1}{6}\ 8 \\ +\ 5\ 9 \\ \hline 2\ 7 \end{array} \Rightarrow \begin{array}{r} \overset{1}{6}\ 8 \\ +\ 5\ 9 \\ \hline 1\ 2\ 7 \end{array}$$

　↳8＋9＝17　　↳1＋6＝5＝12　　↳십의 자리에서 받아올림한 수는 백의 자리에 씁니다.

> **미리보기 초3-1**
>
> (세 자리 수)＋(세 자리 수)의 계산
>
> 예
> $$\begin{array}{r} \overset{1}{\ }\overset{1}{\ }\ \ \\ 1\ 8\ 4 \\ +\ 2\ 5\ 7 \\ \hline 4\ 4\ 1 \end{array}$$
>
> ➡ 두 자리 수의 덧셈과 같이 일의 자리부터 받아올림에 주의하여 계산합니다.

## 3 여러 가지 방법으로 덧셈하기

· 46＋18의 계산

**방법①** 18을 10과 8로 가른 후 계산하기
　　46＋18＝46＋10＋8＝56＋8＝64

**방법②** 18을 20으로 만들어 계산하기
　　46＋18＝46＋20－2＝66－2＝64

**방법③** 18을 4와 14로 가른 후 계산하기
　　46＋18＝46＋4＋14＝50＋14＝64

**개념** **더블**체크

**개념 1** (두 자리 수)＋(한 자리 수)

**01** 다음 식에서 □ 안의 1이 실제로 나타내는 수는 얼마입니까?

$$
\begin{array}{r}
\boxed{1}\ \\
6\ 7 \\
+\quad 8 \\
\hline
7\ 5
\end{array}
$$

( )

**개념 1** (두 자리 수)＋(한 자리 수)

**02** 가장 큰 수와 가장 작은 수의 합을 구하시오.

| 28 | 56 | 14 | 9 | 35 |

( )

**개념 2** (두 자리 수)＋(두 자리 수)

**03** 같은 것끼리 선으로 이어 보시오.

| 33＋18 | · | · | 81 |
| 65＋17 | · | · | 51 |
| 57＋24 | · | · | 82 |

**개념 2** (두 자리 수)＋(두 자리 수)

**04** □ 안에 알맞은 수를 써넣으시오.

$$
\begin{array}{r}
4\ 9 \\
+\quad 2\ \boxed{\ } \\
\hline
\boxed{\ }\ 2
\end{array}
$$

**개념 2** (두 자리 수)＋(두 자리 수)

**05** 계산 결과를 비교하여 ○ 안에 ＞ 또는 ＜를 알맞게 써넣으시오.

(1) 74＋63 ◯ 129

(2) 87＋29 ◯ 115

**개념 3** 여러 가지 방법으로 덧셈하기

**06** |보기|와 같은 방법으로 계산하시오.

┌ 보기 ┐
38＋15＝38＋2＋13
　　　　＝40＋13＝53

56＋28＝＿＿＿＿＿＿
　　　＝＿＿＿＿＿＿
　　　＝＿＿＿＿＿＿

## 4 (두 자리 수) − (한 자리 수)

일의 자리 수끼리 뺄 수 없으면 십의 자리에서 10을 받아내림하여 계산합니다.

・25−8의 계산

$$
\begin{array}{r} 2\,5 \\ -\ \ 8 \\ \hline \end{array}
\ \Rightarrow\
\begin{array}{r} \overset{1}{2}\ \overset{10}{5} \\ -\ \ \ 8 \\ \hline 7 \end{array}
\ \Rightarrow\
\begin{array}{r} \overset{1}{2}\ \overset{10}{5} \\ -\ \ \ 8 \\ \hline 1\ 7 \end{array}
$$

10+5−8=7↵

↳2−1=1

## 5 (두 자리 수) − (두 자리 수)

・43−18의 계산

$$
\begin{array}{r} 4\,3 \\ -\ 1\,8 \\ \hline \end{array}
\ \Rightarrow\
\begin{array}{r} \overset{3}{4}\ \overset{10}{3} \\ -\ 1\ 8 \\ \hline 5 \end{array}
\ \Rightarrow\
\begin{array}{r} \overset{3}{4}\ \overset{10}{3} \\ -\ 1\ 8 \\ \hline 2\ 5 \end{array}
$$

10+3−8=5↵

↳4−1−1=2

참고 십의 자리에서 받아내림한 수가 있는 경우 십의 자리 계산에서 1을 빼는 것을 잊지 않도록 합니다.

## 6 여러 가지 방법으로 뺄셈하기

・33−18의 계산

방법① 18을 13과 5로 가른 후 계산하기
33−18=33−13−5=20−5=15

방법② 18을 20으로 바꾸어 계산하기
33−18=33−20+2=13+2=15

방법③ 33을 30과 3으로 가른 후 계산하기
33−18=30−18+3=12+3=15

+ 개념

◎ 받아내림했을 때 빼지는 수의 십의 자리 수는 1만큼 작아집니다.

미리보기 초3-1
(세 자리 수) − (세 자리 수)의 계산
같은 자리 수끼리 뺄 수 없을 때에는 항상 윗자리에서 받아내림합니다.

예
$$
\begin{array}{r} \overset{2}{3}\ \overset{10}{3}\ 8 \\ -\ 1\ 4\ 3 \\ \hline 1\ 9\ 5 \end{array}
$$

➡ 두 자리 수의 뺄셈과 같이 일의 자리부터 받아내림에 주의하여 계산합니다.

**개념 4** (두 자리 수)−(한 자리 수)

**07** 빈칸에 알맞은 수를 써넣으시오.

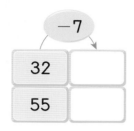

**개념 4** (두 자리 수)−(한 자리 수)

**08** 두 수의 차를 구하시오.

( )

**개념 5** (두 자리 수)−(두 자리 수)

**09** 왼쪽 계산에서 잘못된 곳을 찾아 바르게 고쳐 계산하시오.

$$
\begin{array}{r} 6\ 0 \\ -\ 3\ 8 \\ \hline 3\ 2 \end{array}
\quad\Rightarrow\quad
\begin{array}{r} 6\ 0 \\ -\ 3\ 8 \\ \hline \phantom{0} \end{array}
$$

**개념 5** (두 자리 수)−(두 자리 수)

**10** 갯벌체험에서 민서는 조개를 32개 캤고, 지민이는 19개 캤습니다. 누가 조개를 몇 개 더 많이 캤는지 구하시오.

( ), ( )

**개념 5** (두 자리 수)−(두 자리 수)

**11** 계산 결과가 32인 것을 찾아 기호를 쓰시오.

$$
\textcircled{\scriptsize ㉠}\quad
\begin{array}{r} 8\ 0 \\ -\ 5\ 8 \\ \hline \end{array}
\qquad
\textcircled{\scriptsize ㉡}\quad
\begin{array}{r} 6\ 1 \\ -\ 2\ 9 \\ \hline \end{array}
$$

( )

**개념 6** 여러 가지 방법으로 뺄셈하기

**12** |보기|와 같은 방법으로 계산하시오.

┌─ 보기 ─────────────┐
$$
\begin{aligned}
72-45 &= 70-45+2 \\
&= 25+2 \\
&= 27
\end{aligned}
$$
└──────────────────┘

$$
\begin{aligned}
54-18 &= \underline{\hspace{3cm}} \\
&= \underline{\hspace{3cm}} \\
&= \underline{\hspace{3cm}}
\end{aligned}
$$

## 7 세 수의 계산

세 수의 계산은 앞에서부터 두 수씩 차례로 계산합니다.

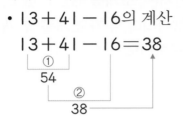

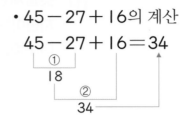

## 8 덧셈과 뺄셈의 관계

(1) 덧셈식을 보고 뺄셈식 만들기

$$18+34=52 \Rightarrow \begin{cases} 52-18=34 \\ 52-34=18 \end{cases}$$

(2) 뺄셈식을 보고 덧셈식 만들기

$$54-28=26 \Rightarrow \begin{cases} 26+28=54 \\ 28+26=54 \end{cases}$$

## 9 □의 값 구하기

덧셈과 뺄셈의 관계를 이용하여 □의 값을 구합니다.

(1) 더한 수를 모르는 경우

• $11+\square=19$에서 □의 값 구하기

$$11+\square=19$$

$$19-11=\square$$

$$\Rightarrow \square=8$$

(2) 뺀 수를 모르는 경우

• $23-\square=7$에서 □의 값 구하기

$$23-\square=7$$

$$23-7=\square$$

$$\Rightarrow \square=16$$

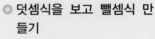

**+ 개념**

⊕ 덧셈과 뺄셈이 섞여 있는 세 수의 계산은 순서를 바꾸어 계산하면 계산 결과가 달라집니다.

⊕ 덧셈식을 보고 뺄셈식 만들기

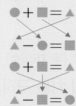

⊕ 뺄셈식을 보고 덧셈식 만들기

⊕ 수직선에서 □의 값 구하기

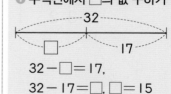

$32-\square=17$,

$32-17=\square$, $\square=15$

**3**

덧셈과 뺄셈

**개념 7** 세 수의 계산

**13** 계산을 하시오.

(1) $39+25+16$

(2) $94-57+48$

**개념 8** 덧셈과 뺄셈의 관계

**16** 뺄셈식을 덧셈식으로 나타내시오.

$$62-35=27$$

➡ $27+\boxed{\phantom{00}}=62$

$\boxed{\phantom{00}}+27=\boxed{\phantom{00}}$

**개념 7** 세 수의 계산

**14** 다람쥐가 도토리 25개를 가지고 있었는데 39개를 더 주워온 후 17개를 먹었습니다. 남은 도토리는 몇 개입니까?

( )

**개념 9** □의 값 구하기

**17** □ 안에 알맞은 수를 써넣으시오.

26 ➡ $+\boxed{\phantom{00}}$ ➡ 64

**개념 8** 덧셈과 뺄셈의 관계

**15** 덧셈식을 뺄셈식으로 나타내시오.

$$24+18=42$$

➡ $42-\boxed{\phantom{00}}=18$

$\boxed{\phantom{00}}-\boxed{\phantom{00}}=24$

**개념 9** □의 값 구하기

**18** 그림을 보고 □ 안에 알맞은 수를 써넣으시오.

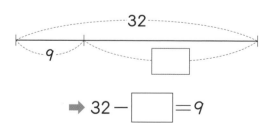

➡ $32-\boxed{\phantom{00}}=9$

**유형 1** 세로셈에서 모르는 수 구하기

오른쪽 식에서 ㉠, ㉡에 알맞은 수를 각각 구하시오.

$$
\begin{array}{r}
㉠\ 4 \\
+\ 3\ ㉡ \\
\hline
8\ 1
\end{array}
$$

**풀이** 　4+7=□이므로 ㉡=□입니다.

일의 자리에서 십의 자리로 1을 받아올림했으므로

1+㉠+□=8입니다.

따라서 ㉠=□입니다.

▶쏙쏙원리
합이 10이거나 10보다 크면 윗자리로 받아올림합니다.

**답**

---

**1-1** 오른쪽 식에서 ㉠, ㉡에 알맞은 수를 각각 구하시오.

$$
\begin{array}{r}
㉠\ 2 \\
-\ 4\ ㉡ \\
\hline
3\ 6
\end{array}
$$

㉠ ( 　　　　　 ), ㉡ ( 　　　　　 )

---

**1-2** 오른쪽 식에서 ㉠, ㉡, ㉢에 알맞은 수를 각각 구하시오.

$$
\begin{array}{r}
㉠\ 5 \\
+\ 3\ ㉡ \\
\hline
㉢\ 2\ 2
\end{array}
$$

㉠ ( 　　　　　 ), ㉡ ( 　　　　　 ), ㉢ ( 　　　　　 )

**유형 2** □ 안에 들어갈 수 있는 수 구하기

0부터 9까지의 수 중에서 ■ 안에 들어갈 수 있는 가장 작은 수를 구하시오.

$$53 + 2■ > 80$$

**풀이** $53 + \boxed{\phantom{0}} = 80$이므로 $53 + 2■ > 80$에서 $2■$는 $\boxed{\phantom{0}}$보다 커야 합니다.

따라서 ■ 안에 들어갈 수 있는 수는 $\boxed{\phantom{0}}$, $\boxed{\phantom{0}}$이고 이 중 가장 작은 수는 $\boxed{\phantom{0}}$입니다.

▶ **쏙쏙원리**
$53 + 2■$가 80보다 큽니다.

**3**
덧셈과 뺄셈

**답**

**2-1** □ 안에 들어갈 수 있는 가장 큰 수를 구하시오.

$$42 + \square < 63$$

( )

**2-2** □ 안에 들어갈 수 있는 두 자리 수를 모두 구하시오.

$$15 + 40 < \square < 83 - 24$$

( )

**유형 3** 수 카드를 이용하여 덧셈, 뺄셈하기

수 카드 [1], [3], [5], [7], [9] 를 한 번씩 사용하여 두 자리 수를 만들려고 합니다. 만들 수 있는 두 자리 수 중에서 가장 큰 수와 가장 작은 수의 합을 구하시오.

**풀이** 가장 큰 수를 만들려면 가장 큰 수부터 높은 자리에 놓아야 합니다. ☐ > 7 > 5 > ☐ > 1이므로 가장 큰 두 자리 수는 ☐ 입니다.

가장 작은 수를 만들려면 가장 작은 수부터 높은 자리에 놓아야 하므로 가장 작은 두 자리 수는 ☐ 입니다.

따라서 두 자리 수 중 가장 큰 수와 가장 작은 수의 합은 ☐ + ☐ = ☐ 입니다.

▶ 쏙쏙원리
(가장 큰 두 자리 수)
➡ ☐ ☐
가장 두 번째로
큰 수 큰 수

**답**

**3-1** 수 카드로 만들 수 있는 두 자리 수 중에서 십의 자리 수가 5인 가장 작은 수와 십의 자리 수가 2인 가장 큰 수의 차를 구하시오.

[2] [5] [3] [1] [7]

( )

**3-2** 수 카드 [2], [6], [3], [8], [5] 를 한 번씩 사용하여 두 자리 수를 만들려고 합니다. 만들 수 있는 두 자리 수 중에서 가장 큰 수와 세 번째로 작은 수의 합을 구하시오.

( )

## 유형 4  바르게 계산한 값 구하기

어떤 수에 28을 더해야 할 것을 잘못하여 뺐더니 55가 되었습니다. 바르게 계산한 값을 구하시오.

**풀이** 어떤 수를 ■라 하여 잘못 계산한 식을 쓰면

■－28＝ [   ] 입니다. [   ] ＋28＝■이므로

■＝ [   ] 입니다.

따라서 바르게 계산하면 [   ] ＋28＝ [   ] 입니다.

▶ 쏙쏙원리
어떤 수를 ☐로 놓고 식을 세웁니다.

**답**

**4-1** 어떤 수에서 47을 빼야 할 것을 잘못하여 더했더니 96이 되었습니다. 바르게 계산한 값을 구하시오.

(                    )

**4-2** 76에서 어떤 수를 빼야 할 것을 잘못하여 더했더니 85가 되었습니다. 바르게 계산한 값을 구하시오.

(                    )

**4-3** 45에 어떤 수를 더해야 할 것을 잘못하여 뺐더니 18이 되었습니다. 바르게 계산한 값을 구하시오.

(                    )

**유형5** 모르는 수 구하기

성호가 가진 카드에 적힌 두 수의 합은 혜민이가 가진 카드에 적힌 두 수의 합과 같습니다. 혜민이가 가지고 있는 뒤집어진 카드에 적힌 수는 얼마인지 구하시오.

〈성호〉 **17** **39**     〈혜민〉 **27** ☐

**풀이** 성호가 가진 카드에 적힌 두 수의 합은

$17 + 39 =$ ☐ 입니다.

혜민이가 가지고 있는 뒤집어진 카드에 적힌 수를 ■라 놓고 두 카드에 적힌 수의 합을 구하는 덧셈식을 쓰면

$27 + ■ =$ ☐ , ☐ $- 27 = ■$ , $■ =$ ☐

따라서 혜민이가 가지고 있는 뒤집어진 카드에 적힌 수는 ☐ 입니다.

▶ 쏙쏙원리
성호가 가지고 있는 두 카드의 수의 합을 먼저 구합니다.

**답**

**5-1** 별 카드에 적힌 두 수의 합과 달 카드에 적힌 두 수의 합은 같습니다. 뒤집어진 별 카드에 적힌 수는 얼마인지 구하시오.

**45** ☐ **67** **24**

(                    )

**5-2** 제빵소에서 어제와 오늘 팔린 소금빵의 수를 나타낸 것입니다. 어제와 오늘 팔린 소금빵의 수가 같다면 ㉠에 알맞은 수를 구하시오.

| 어제 | | 오늘 | |
|---|---|---|---|
| 오전 | 오후 | 오전 | 오후 |
| 21개 | 47개 | 19개 | ㉠개 |

(                    )

**유형6** **세 수의 계산식 만들기**

합이 81이 되는 세 수를 구하시오.

| 38 | 42 | 26 | 17 | 16 |

**풀이** 일의 자리 수끼리 더한 수가 ▇1이 되도록 하는 세 수를 고르면 (38, 26, ☐ ), (38, 17, ☐ )입니다.

38＋26＋☐ ＝☐ , 38＋17＋☐ ＝☐

따라서 합이 81인 세 수는 38, ☐ , ☐ 입니다.

▶ **쏙쏙원리**
조건에 맞는 세 수를 예상하고 합을 구해 봅니다.

**답**

**3 덧셈과 뺄셈**

**6-1** 파란 카드, 초록 카드를 각각 한 장씩 골라 l보기l와 같이 세 수를 계산하려고 합니다. 계산식을 완성하시오.

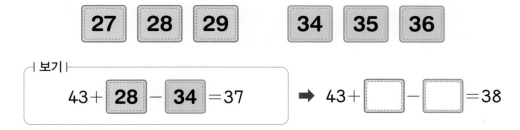

| **27** | **28** | **29** | | **34** | **35** | **36** |

l보기l
43＋**28**－**34**＝37  ➡ 43＋☐ －☐ ＝38

**6-2** 강아지는 92가 쓰여진 곳에 가려고 합니다. 합이 92가 되도록 길을 따라 선으로 그어 보시오.

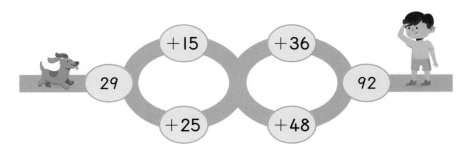

**유형7** 조건에 맞는 식 만들기

4장의 수 카드 ③, ⑤, ⑦, ⑨ 를 한 번씩 모두 사용하여 합이 가장 큰 (두 자리 수)＋(두 자리 수)를 만들고 답을 구하시오.

**풀이** 합이 가장 큰 두 자리 수의 덧셈식을 만들어야 하므로 두 자리 수의 십의 자리에는 가장 큰 수와 두 번째로 큰 수인 9, ☐ 이 들어가야 합니다.

십의 자리에 9와 7이 들어가므로 일의 자리에는 3, ☐ 가 들어갑니다.

따라서 합이 가장 큰 두 자리 수를 쓰고 계산하면

☐ ＋ ☐ ＝ ☐ 입니다.

▶똑똑원리
합이 가장 크려면 십의 자리에 가장 큰 수와 두 번째로 큰 수를 놓아야 합니다.

**답**

**7-1** 4장의 수 카드 ①, ④, ⑥, ⑧ 을 한 번씩 모두 사용하여 합이 가장 작은 (두 자리 수)＋(두 자리 수)를 만들고 답을 구하시오.

(        )

**7-2** 4장의 수 카드 ②, ⑤, ⑧, ⑨ 를 한 번씩 사용하여 차가 가장 큰 (두 자리 수)－(두 자리 수)를 만들고 답을 구하시오.

(        )

# B 종합응용력완성

**01** 다음은 74+19를 진호와 현수가 각각 다른 방법으로 계산한 것입니다. □ 안에 알맞은 수를 써넣으시오.

모으기와 가르기를 적절히 사용하여 계산합니다.

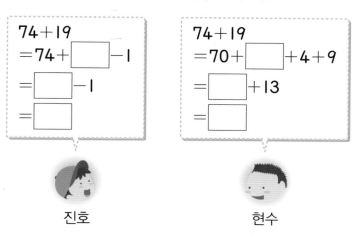

진호           현수

**02** 수직선을 보고 ㉮에 알맞은 수를 구하시오.

■에 알맞은 수를 먼저 구합니다.

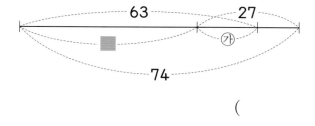

(              )

**03** 주차장에 자동차가 42대 있었는데 16대가 빠져나가고 38대가 새로 들어왔습니다. 주차장에 있는 자동차는 몇 대입니까?

(              )

**04** 5개의 수 카드 ③, ⑤, ⑦, ⑧, ⑨ 중 서로 다른 3장을 골라 (일의 자리 수가 4인 가장 작은 수)＋(가장 큰 수)의 덧셈식을 만들었습니다. 만든 덧셈식의 답을 구하시오.

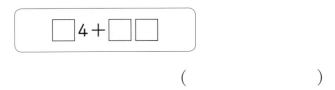

(          )

**05** 상자 안에 수가 써 있는 공이 4개 들어 있습니다. 이 중 3개의 공을 꺼내어 덧셈식 2개와 뺄셈식 2개를 만들어 보시오.

🏳 3개의 수로 만들 수 있는 덧셈식을 먼저 만들어 봅니다.

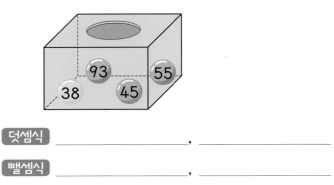

**덧셈식** _____ , _____

**뺄셈식** _____ , _____

**06** 다음 표는 어느 과일 가게에 있는 과일의 개수를 조사한 것입니다. 개수의 차가 21개인 두 과일의 개수의 합을 구하시오.

🏳 일의 자리 수의 차가 1인 두 과일을 찾아 계산해 봅니다.

| 과일 | 사과 | 자두 | 수박 | 망고 | 참외 |
|------|------|------|------|------|------|
| 수(개) | 59 | 64 | 38 | 46 | 53 |

(          )

**07** 어떤 수에 27을 더하고 31을 빼야 할 것을 잘못하여 31을 더하고 27을 뺐더니 44가 되었습니다. 바르게 계산한 값을 구하는 풀이 과정을 쓰고 답을 구하시오.

🚩 어떤 수를 □라 하여 잘못 계산한 식을 만듭니다.

풀이 _____

_____

_____

답 _____

**08** 세 사람의 대화를 보고 은영이가 가지고 있는 색종이는 몇 장인지 구하시오.

🚩 쉽게 구할 수 있는 사람의 색종이 수를 먼저 구합니다.

> 수민: 나는 색종이를 하준이보다 5장 더 많이 가지고 있어.
> 은영: 나는 수민이보다 7장 더 적어.
> 하준: 나는 3장 더 있으면 30장이야.

(          )

**09** 어느 전시회에 41명이 입장하였습니다. 이 중 여자가 남자보다 7명 더 많았다면 남자는 몇 명 입장하였습니까?

(          )

**10** 다음은 서진이가 동생에게 쓴 쪽지인데 고양이가 밟아 숫자가 한 개씩 보이지 않습니다. 서진이가 어제 가지고 있던 스티커는 몇 장이었습니까?

〈경고〉
귀여운 동생에게~
내가 어제 스티커를 세었을 때
분명 🐾0장 있었는데, 오늘 보니
3🐾장 밖에 없네. 혹시 네가 11장을
가져갔다면 다시 돌려놓기를 바란다.

(                    )

서진이가 어제 가지고 있던 스티커를 ㉠0장, 오늘 가지고 있는 스티커를 3㉡장이라 하여 식을 만듭니다.

서술형

**11** □ 안에 공통으로 들어갈 수 있는 수는 모두 몇 개인지 풀이 과정을 쓰고 답을 구하시오.

$$93 - \boxed{\phantom{0}} > 42 \qquad 38 + \boxed{\phantom{0}} > 72 \qquad 47 + \boxed{\phantom{0}} < 93$$

>, <를 =로 바꾸어 계산하여 □ 안의 수를 찾습니다.

풀이

답

**12** 구슬을 예솔이는 83개, 하윤이는 49개 가지고 있습니다. 예솔이가 하윤이에게 구슬을 몇 개 주면 두 사람이 가진 구슬의 수가 같아집니까?

(                    )

**13** 두 자리 수의 덧셈식에서 ㉠+㉡+㉢+㉣ 의 값을 구하시오.

(단, ㉠, ㉡, ㉢, ㉣은 0이 아닙니다.)

( )

🚩 일의 자리 수의 덧셈을 먼저 생각 합니다.

**14** 다음은 규칙에 따라 수를 늘어놓은 것입니다. ●와 ▲에 알맞 은 수의 차를 구하시오.

| 7 | ● | 35 | 49 | 63 | ▲ | 91 |

( )

🚩 35, 49, 63 사이에 어떤 규칙이 있는지 찾습니다.

**15** 0부터 9까지의 수 카드가 한 장씩 있습니다. 이 중에서 3장을 뽑아 나온 수를 더했더니 22가 되었습니다. 뽑은 수 카드 중 반 드시 있어야 하는 수는 무엇입니까?

( )

01 다음은 가로에 쓰인 네 수의 합을 오른쪽에, 세로에 쓰인 네 수의 합을 아래에 쓴 것입니다. 같은 모양은 같은 수를 나타낼 때, □ 안에 알맞은 수를 구하시오.

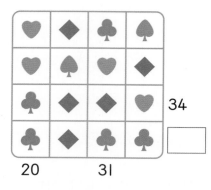

(                    )

02 다음과 같이 5개의 사각형이 겹쳐져 있습니다. 한 개의 사각형 안에 적힌 수의 합이 모두 같을 때, ㉠+㉡+㉢+㉣의 값을 구하시오.

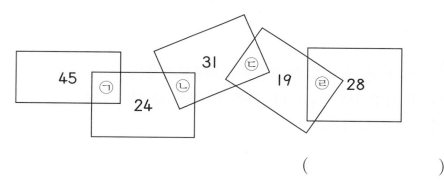

(                    )

**03** 다음 수 카드 중 4장을 한 번씩만 사용하여 (두 자리 수) − (두 자리 수)의 뺄셈식을 만들려고 합니다. 계산 결과가 가장 클 때와 가장 작을 때의 값의 합을 구하시오.

| 0 | 1 | 3 | 4 | 6 |

(                    )

**창의 융합**

**04** 다음 5개의 수 중에서 서로 다른 세 수를 골라 덧셈이나 뺄셈으로 계산한 값이 50인 식을 만들려고 합니다. 이때 반드시 사용되는 수는 무엇입니까?

| 10 25 45 15 60 |

(                    )

# 삼각형이 모두 몇 개인가요?

# 길이 재기

## 4

이 단원에서
완성할 내용

# 4. 길이 재기

## 1 여러 가지 단위로 길이 재기

(1) 직접 맞대어 길이를 비교할 수 없을 때에는 종이띠, 털실 등을 이용합니다.

(2) **길이를 잴 때 사용할 수 있는 여러 가지 단위**
어떤 길이를 재는 데 기준이 되는 길이를 단위길이라고 합니다.

(3) **여러 가지 단위로 지팡이 길이 재기**

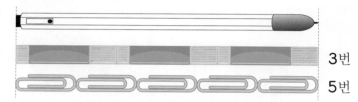

3번
5번

➡ 재는 단위에 따라 잰 횟수가 다릅니다.

## 2 1 cm 알아보기

(1) 길이를 잴 때 재는 단위 길이가 다르면 비교하기 불편하므로 같은 단위 길이가 필요합니다. cm를 단위로 사용하면 누가 재든 정확한 길이를 알 수 있습니다.

(2) **1 cm**

에서 ▭의 길이를 1 cm라 쓰고 1 센티미터라고 읽습니다.

(3) **몇 cm 알아보기**

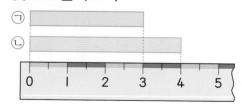

ⓐ 1 cm 3번 ➡ 3 cm(3 센티미터)
ⓑ 1 cm가 4번 ➡ 4 cm(4 센티미터)

+ **개념**

○ 뼘
엄지손가락과 다른 손가락을 완전히 펴서 벌렸을 때에 두 끝 사이의 거리

미리보기 초2-2
**cm보다 더 큰 단위 알아보기**
100 cm는 1 m와 같습니다.
1 m는 1 미터라고 읽습니다.

4
길이 재기

**개념 1** 여러 가지 단위로 길이 재기

**01** 연필의 길이는 지우개와 클립으로 각각 몇 번입니까?

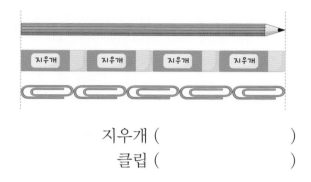

지우개 (                 )

클립 (                 )

**개념 1** 여러 가지 단위로 길이 재기

**02** 딱풀의 길이를 단위로 하여 리본 ㉮와 ㉯의 길이를 재었습니다. ㉮의 길이는 6번, ㉯의 길이는 9번일 때, 길이가 더 긴 것은 어느 것입니까?

(                 )

**개념 1** 여러 가지 단위로 길이 재기

**03** 태호와 민재가 뼘으로 식탁의 긴 쪽의 길이를 재어 보았더니 태호는 12번, 민재는 11번이었습니다. 한 뼘의 길이가 더 긴 사람은 누구입니까?

(                 )

**개념 2** 1 cm 알아보기

**04** 주어진 길이만큼 점선을 따라 선을 그어 보시오.

6 cm

**개념 2** 1 cm 알아보기

**05** 지호와 승현이가 교실의 긴 쪽의 길이를 걸음으로 재었습니다. 두 사람이 잰 길이가 다른 이유를 쓰시오.

| 지호 | 승현 |
| --- | --- |
| 11걸음 | 13걸음 |

(                                   )

**개념 2** 1 cm 알아보기

**06** 길이를 비교하여 ○ 안에 >, =, <를 알맞게 써넣으시오.

(1) 9 cm ◯ 11 센티미터

(2) 7 센티미터 ◯ 1 cm가 6번

## 3 자로 길이 재기

**(1) 자를 이용하여 길이 재는 방법 (1)**

물건의 한쪽 끝을 자의 눈금 0에 맞추고 다른 쪽 끝에 있는 자의 눈금을 읽습니다.

➡ 면봉의 길이는 6 cm입니다.

**(2) 자를 이용하여 길이 재는 방법 (2)**

물건의 한쪽 끝을 자의 한 눈금에 맞추고 그 눈금에서 다른 쪽 끝까지 1 cm가 몇 번 들어가는지 셉니다.

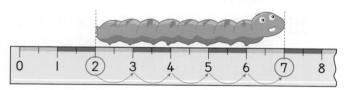

➡ 애벌레의 길이는 5 cm입니다.

**(3)** 길이가 자의 눈금 사이에 있을 때는 가까이에 있는 쪽의 숫자를 읽으며, 숫자 앞에 약을 붙여 말합니다.

나뭇잎의 오른쪽 끝이 4 cm에 가깝습니다.
➡ 나뭇잎의 길이는 약 4 cm입니다.

## 4 길이 어림하기

자를 이용하지 않고 어림할 때는 1 cm가 몇 번 들어가는지 생각하여 어림합니다. 어림한 길이를 말할 때는 숫자 앞에 약을 붙여서 말합니다.

┌ 어림한 길이: 약 6 cm
└ 자로 잰 길이: 6 cm

**개념 3** 자로 길이 재기

**07** 색 테이프의 길이는 몇 cm입니까?

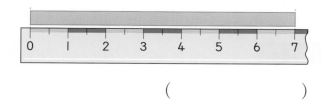

( )

**개념 3** 자로 길이 재기

**08** 그림에서 길이를 자로 재어 □ 안에 알맞은 수를 써넣으시오.

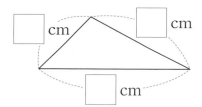

**개념 3** 자로 길이 재기

**09** 연필 ㉠과 ㉡ 중에서 더 긴 것은 어느 것입니까?

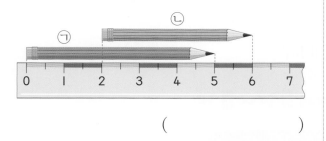

( )

**개념 4** 길이 어림하기

**10** 막대의 길이를 어림하고 자로 재어 보시오.

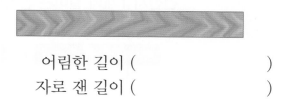

어림한 길이 ( )
자로 잰 길이 ( )

**4**

길
이

재
기

**개념 4** 길이 어림하기

**11** 검은 색 선의 길이는 4 cm입니다. 빨간 점에서부터 어림하여 5 cm가 되는 점을 선으로 이어 보시오.

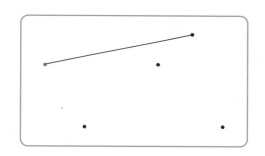

**개념 4** 길이 어림하기

**12** 길이가 12 cm인 컴퍼스가 있습니다. 이 컴퍼스를 윤아는 약 10 cm, 준서는 약 13 cm 라고 어림하였습니다. 실제 길이에 더 가깝게 어림한 사람은 누구입니까?

( )

**유형 1** **물건을 이용하여 길이 재기**

건전지 1개의 길이는 동전으로 몇 번입니까?

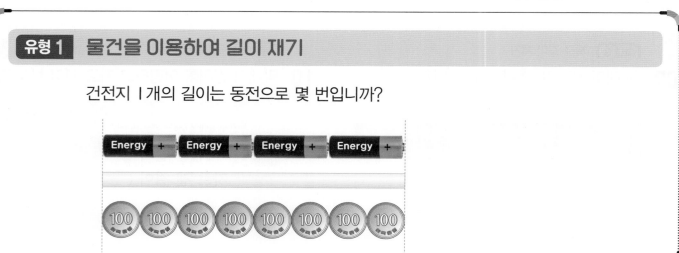

**풀이** 수수깡의 길이는 건전지로 4번이고, 동전으로 ☐ 번입니다.

건전지 4개의 길이는 동전으로 ☐ 번이므로 건전지 1개의 길이는 동전으로 ☐ 번입니다.

▶ **쏙쏙원리**
수수깡의 길이는 건전지와 동전으로 각각 몇 번인지 구합니다.

**답**

**1-1** 열쇠 1개의 길이는 옷핀으로 몇 번입니까?

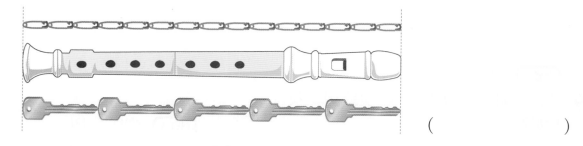

( )

**1-2** 사탕 2개의 길이는 초콜릿으로 몇 번입니까?

( )

**유형 2** **단위 길이 비교하기**

하은, 윤서, 영우가 복도의 폭을 뼘으로 재었더니 다음과 같았습니다. 한 뼘의 길이가 가장 짧은 사람은 누구입니까? (단, 뼘으로 재는 방법은 모두 같습니다.)

| 하은 | 윤서 | 영우 |
|------|------|------|
| 13번 | 15번 | 12번 |

**풀이** 뼘의 수를 비교해 보면 ☐ > ☐ > ☐ 입니다.

잰 횟수가 많을수록 한 뼘의 길이가 짧습니다.

따라서 한 뼘의 길이가 가장 짧은 사람은 ☐ 입니다.

▶ 쏙쏙원리
한 뼘의 길이가 짧을수록 여러 번 재어야 합니다.

**답**

4
길이 재기

**2-1** 연아, 도영, 민우가 체육관의 긴 쪽의 길이를 발걸음으로 재었더니 다음과 같았습니다. 한 걸음의 길이가 가장 긴 사람은 누구입니까?

| 연아 | 도영 | 민우 |
|------|------|------|
| 31번 | 32번 | 28번 |

(                    )

**2-2** 철사의 길이를 ㉠, ㉡, ㉢ 단위로 재었더니 다음과 같은 횟수가 되었습니다. 단위 길이가 긴 순서대로 기호를 쓰시오.

㉠ 8번     ㉡ 11번     ㉢ 9번

(                    )

**유형 3** 자로 재어 길이 비교하기

지수가 잡은 곤충의 길이를 잰 것입니다. 잠자리와 메뚜기 중에서 어느 것이 몇 cm 더 깁니까?

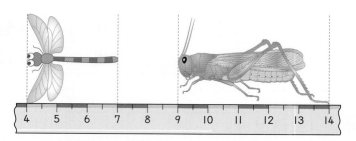

풀이

잠자리의 길이는 4부터 7까지 1 cm가 ☐ 칸 있으므로

☐ cm입니다.

메뚜기의 길이는 9부터 14까지 1 cm가 ☐ 칸 있으므로

☐ cm입니다.

☐ < ☐ 이므로 ☐ 의 길이가

☐ − ☐ = ☐ (cm) 더 깁니다.

▶ 쏙쏙원리
자의 칸수로 길이를 생각합니다.

답

**3-1** 성욱이가 가지고 있는 색 테이프의 길이를 잰 것입니다. 색 테이프 ㉠과 ㉡ 중에서 어느 것이 몇 cm 더 짧습니까?

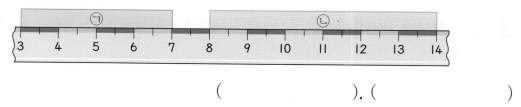

(           ), (          )

**3-2** 바늘의 길이보다 더 긴 것의 기호를 쓰시오.

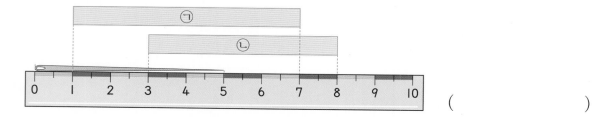

(          )

**유형 4** **서로 다른 단위로 물건의 길이 재기**

노끈의 길이는 길이가 14 cm인 볼펜으로 3번 잰 것과 같습니다. 노끈의 길이는 길이가 7 cm인 연필로 몇 번 잰 것과 같습니까?

**풀이**

노끈의 길이는 14 cm로 [ ]번이므로

(노끈의 길이)=14+14+14=[ ](cm)입니다.

7+7+7+7+7+7=[ ]이므로

42 cm는 7 cm를 [ ]번 더한 것과 같습니다.

따라서 노끈의 길이는 길이가 7 cm인 연필로 [ ]번 잰 것과 같습니다.

▶쏙쏙원리
● cm가 ★번이면 ●를 ★번 더한 것과 같습니다.

**답**

**4**

길이 재기

**4-1** 식탁의 높이는 길이가 12 cm인 숟가락으로 6번 잰 것과 같습니다. 식탁의 높이는 길이가 8 cm인 물감으로 몇 번 잰 것과 같습니까?

( )

**4-2** 막대의 길이는 길이가 4 cm인 지우개로 9번 잰 것과 같습니다. 막대의 길이는 색연필로 6번 잰 것과 같을 때 색연필의 길이는 몇 cm입니까?

( )

**유형 5** 길이가 다른 단위로 잰 길이 비교하기

가장 짧은 우산을 가지고 있는 사람은 누구입니까?

> • 현우: 내 우산의 길이는 가위로 5번이야.
> • 하준: 내 우산의 길이는 리코더로 5번이야.
> • 서아: 내 우산의 길이는 딱풀로 5번이야.

**풀이** 세 사람이 잰 단위 길이를 비교하면

딱풀< ☐ < ☐ 입니다.

세 사람이 잰 단위는 다르지만 재어 나타낸 수는 같으므로

단위 길이가 가장 짧은 ☐ 로 잰 길이가 가장 짧습니다.

따라서 가장 짧은 우산을 가진 사람은 ☐ 입니다.

**▶쏙쏙원리**
재어 나타낸 수가 같을 때,
잰 단위 길이가 길수록 잰
길이가 깁니다.

**답**

**5-1** 가장 긴 목도리를 가진 사람은 누구입니까?

> • 민서: 내 목도리의 길이는 7뼘이야.
> • 채원: 내 목도리의 길이는 국자로 7번이야.
> • 윤호: 내 목도리의 길이는 포크로 7번이야.

(          )

**5-2** 만든 목걸이의 길이가 짧은 사람부터 차례로 쓰시오.

> • 동현: 내가 만든 목걸이의 길이는 건전지로 14번이야.
> • 지후: 내가 만든 목걸이의 길이는 빨대로 14번이야.
> • 민재: 내가 만든 목걸이의 길이는 옷핀으로 14번이야.

(          )

**유형6** **가장 가깝게 어림한 것 찾기**

서진이는 책상 위에 있는 물건의 길이를 어림하고 자로 재었습니다. 실제 길이에 가장 가깝게 어림한 것은 무엇입니까?

| 물건 | 딱풀 | 컵 | 가위 |
|---|---|---|---|
| 어림한 길이 | 약 7 cm | 약 10 cm | 약 19 cm |
| 자로 잰 길이 | 10 cm | 11 cm | 17 cm |

**풀이** 어림한 길이와 자로 잰 길이의 차를 구하면

딱풀: $10-7=\boxed{\phantom{0}}$(cm),

컵: $\boxed{\phantom{0}}-\boxed{\phantom{0}}=\boxed{\phantom{0}}$(cm),

가위: $\boxed{\phantom{0}}-\boxed{\phantom{0}}=\boxed{\phantom{0}}$(cm)

실제 길이에 가장 가깝게 어림한 것은 어림한 길이와 자로 잰 길이의 차가 가장 작은 $\boxed{\phantom{0}}$입니다.

▶ **쏙쏙원리**
어림한 길이와 자로 잰 길이의 차가 작을수록 가깝게 어림한 것입니다.

**답**

**6-1** 지유는 색연필의 길이를 어림하고 자로 재었습니다. 실제 길이에 가장 가깝게 어림한 것은 무슨 색입니까?

| 색연필 | 빨간색 | 파란색 | 보라색 |
|---|---|---|---|
| 어림한 길이 | 약 12 cm | 약 16 cm | 약 20 cm |
| 자로 잰 길이 | 11 cm | 14 cm | 16 cm |

( )

**6-2** 거울의 긴 쪽의 길이를 각자 어림해 본 후 자로 재었더니 73 cm였습니다. 실제 길이에 가장 가깝게 어림한 사람은 누구입니까?

| 사람 | 나은 | 시우 | 민준 |
|---|---|---|---|
| 어림한 길이 | 약 70 cm | 약 79 cm | 약 75 cm |

( )

**4**
길이
재기

유형7 선의 길이 구하기

오른쪽 그림에서 가장 작은 사각형의 네 변의 길이는 모두 같고 한 변의 길이는 1 cm입니다. 굵은 선의 길이는 몇 cm입니까?

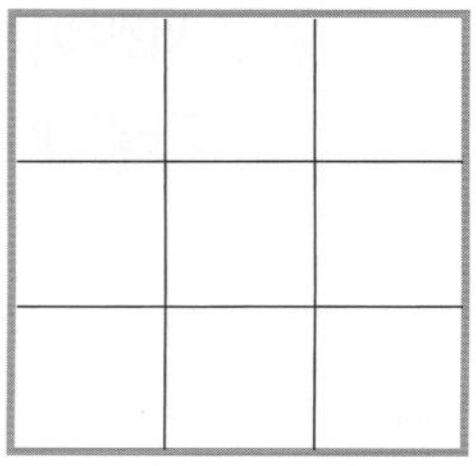

풀이 굵은 선의 길이는 1 cm가 □번 있습니다.

1 cm가 □번 있으면 □cm이므로 굵은 선의 길이는 □cm입니다.

▶쏙쏙원리
1 cm가 ■번이면 ■ cm입니다.

답

**7-1** 오른쪽 그림에서 가장 작은 사각형의 네 변의 길이는 모두 같고 한 변의 길이는 1 cm입니다. ㉠에서 ㉡까지 가는 초록색 선의 길이는 몇 cm입니까?

( )

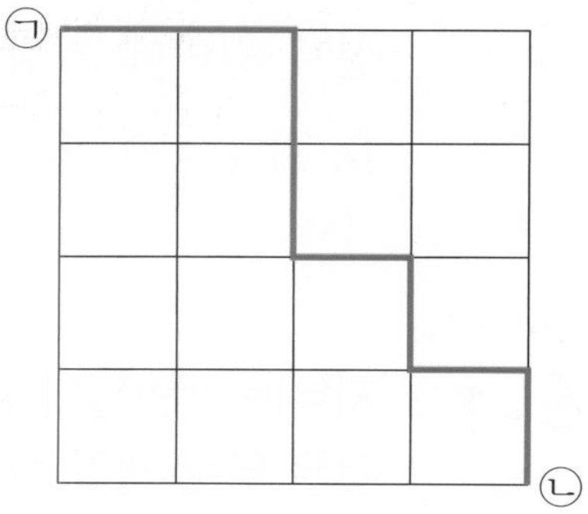

**7-2** 오른쪽 모눈종이 위에 빨간색 선을 그렸습니다. 그린 빨간색 선의 길이는 몇 cm입니까? (단, 모눈 한 칸의 길이는 1 cm로 모두 같습니다.)

( )

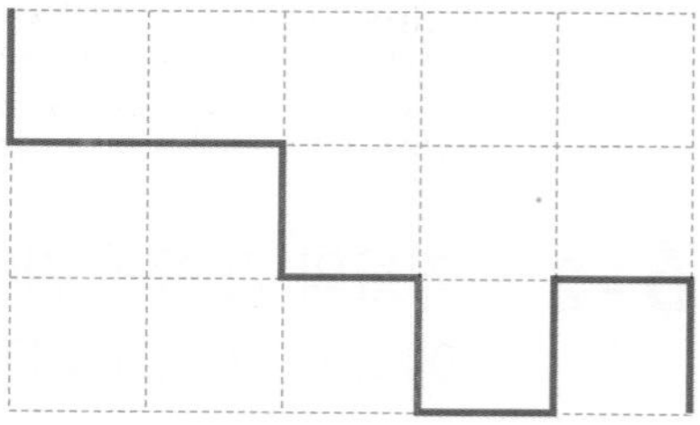

**01** 물감 9개의 길이와 크레파스 8개의 길이 중 어느 것이 더 깁니까?

붓의 길이가 물감과 크레파스로 각각 몇 번인지 구합니다.

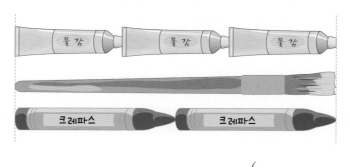

( )

**02** 보라색 테이프는 파란색 테이프보다 몇 cm 더 깁니까?

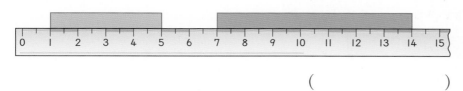

테이프의 한쪽 끝에서 다른 쪽 끝까지 1 cm가 몇 번 들어가는지 셉니다.

( )

**03** 다음 두 인형의 길이는 같습니다. □ 안에 알맞은 수를 써넣으시오.

먼저 왼쪽 인형의 길이를 구합니다.

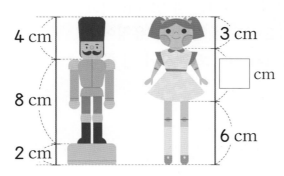

**04** 빨대의 길이가 13 cm일 때 자의 □ 안에 알맞은 눈금의 수를 쓰시오.

눈금 4에서 1 cm가 13번 들어가야 합니다.

**05** 주황색, 초록색, 파란색 테이프가 있습니다. 주황색 테이프의 길이가 14 cm일 때, 세 테이프의 길이의 합을 구하시오.

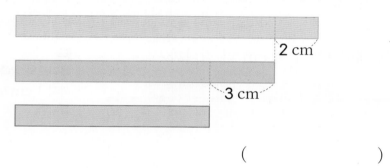

(초록색 테이프의 길이)
＝(주황색 테이프의 길이)－2
(파란색 테이프의 길이)
＝(초록색 테이프의 길이)－3

(            )

**06** 유정이가 액자의 긴 쪽의 길이를 어림한 길이는 약 72 cm이고 자로 잰 길이는 어림한 길이보다 12 cm 더 깁니다. 유정이의 한 뼘의 길이가 14 cm일 때, 유정이의 뼘으로 액자의 긴 쪽의 길이를 재면 몇 뼘입니까?

(            )

**07** 다음 모눈종이에 그려진 선 중에서 가장 긴 것은 어느 것입니까?
(단, 모눈 한 칸의 길이는 모두 같습니다.)　　　　　（　　　）

모눈 한 칸을 따라 그려진 선과 아닌 선의 개수를 구하여 비교합니다.

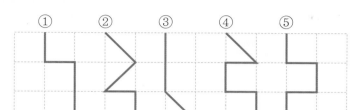

**08** 길이가 97 cm인 끈을 한 번 잘랐더니 짧은 끈이 긴 끈보다 25 cm 짧았습니다. 짧은 끈의 길이는 몇 cm입니까?

（　　　　　　　　）

짧은 끈의 길이를 □ cm로 놓고 식을 세웁니다.

**09** 철사를 세 도막으로 잘라 각각 네 변의 길이가 같은 사각형을 세 개 만들었습니다. 중간 사각형의 한 변의 길이는 5 cm로 양쪽 사각형의 한 변의 길이와 1 cm씩 차이가 났습니다. 처음 철사의 길이는 몇 cm였는지 구하시오. (단, 남는 철사는 없습니다.)

각 사각형의 한 변의 길이를 구하여 각 사각형에 쓰인 철사의 길이를 구합니다.

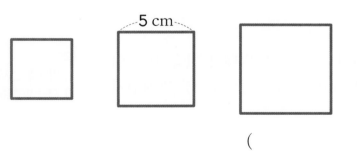
5 cm

（　　　　　　　　）

**10** 그림에서 가장 작은 사각형의 한 변의 길이는 1 cm로 모두 같습니다. 벌이 꿀단지를 향해 작은 사각형의 변을 따라 갈 때, 가장 가까운 길은 몇 cm입니까?

왔던 길로 다시 되돌아 가지 않고 가장 가까운 길로 가는 방법을 찾습니다.

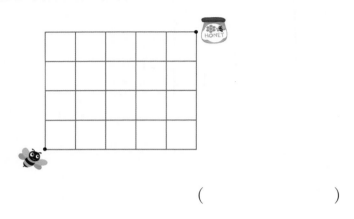

(                    )

**11** 승민, 하진, 주하가 침대의 짧은 쪽의 길이를 뼘으로 재었더니 승민이는 8번, 하진이는 7번, 주하는 10번이었습니다. 한 뼘의 길이가 가장 긴 사람이 약 12 cm라면 침대의 짧은 쪽의 길이는 약 몇 cm입니까? (단, 뼘으로 재는 방법은 모두 같습니다.)

잰 단위 길이가 길수록 잰 횟수가 적습니다.

(                    )

**12** 길이가 2 cm, 3 cm, 5 cm인 세 종류의 막대가 있습니다. 이 막대를 여러 번 사용하여 15 cm를 재는 방법은 몇 가지인지 구하시오.

긴 막대를 먼저 사용하여 15 cm를 재는 방법을 찾습니다.

(                    )

**13** 다음은 네 변의 길이가 모두 같은 사각형 세 종류를 겹치지 않게
이어 붙인 것입니다. □ 안에 알맞은 수를 써넣으시오.

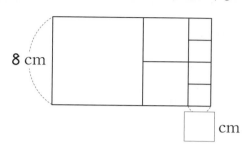

**서술형**

**14** 책장의 짧은 쪽의 길이는 우산으로 2번 잰 것과 같고, 우산의
길이는 15 cm인 연필로 4번 잰 것과 같습니다. 책장의 긴 쪽
은 짧은 쪽보다 53 cm 더 길 때, 책장의 긴 쪽의 길이는 몇 cm
인지 풀이 과정을 쓰고 답을 구하시오.

먼저 책장의 짧은 쪽의 길이를 구
합니다.

**풀이**

**답**

**15** 불을 붙이면 2시간에 3 cm씩 짧아지는 양초가 있습니다. 이
양초에 불을 붙이고 10시간 후 길이를 재었더니 14 cm가 되
었습니다. 불을 붙이기 전 양초의 길이는 몇 cm였습니까?

( )

■시간에 ▲ cm가 짧아지면
(■ + ■)시간에 (▲ + ▲) cm
짧아집니다.

**16** 다음과 같이 여섯 종류의 막대가 있습니다. 가장 긴 막대의 길이가 50 cm일 때, 가장 짧은 막대의 길이는 몇 cm입니까?

🚩 가장 긴 막대를 찾아 나머지 막대의 크기를 구합니다.

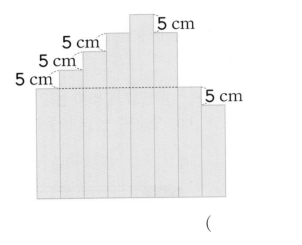

(           )

**17** 한 개의 끈을 두 번 접은 후 다음과 같이 잘랐더니 총 4개의 끈이 생겼습니다. 가장 긴 끈과 가장 짧은 끈의 길이의 합을 구하시오. (단, 접히는 부분의 길이는 생각하지 않습니다.)

🚩 자른 끈을 모두 펼친 후 각각의 길이를 비교합니다.

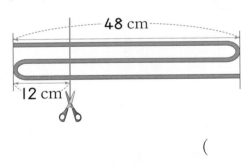

(           )

# STEP A 최상위실력완성

**01** 자의 길이는 지우개로 2번 잰 길이이고, 가위의 길이는 지우개로 3번 잰 길이입니다. 가장 긴 것을 잰 사람은 누구입니까?

> • 다인: 붓의 길이는 가위로 2번 잰 길이야.
> • 지호: 막대의 길이는 자로 2번, 가위로 1번 잰 길이야.
> • 민서: 스케치북의 긴 쪽의 길이는 지우개로 11번 잰 길이야.
> • 수아: 내 팔의 길이는 자로 4번, 지우개로 2번 잰 길이야.

(        )

**02** 그림에서 가장 작은 사각형의 한 변의 길이는 1 cm로 모두 같고 분홍색 띠는 네 번 접은 모양입니다. 펼친 띠의 길이는 몇 cm입니까?

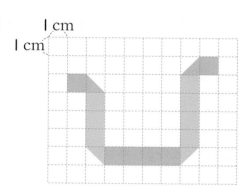

(      )

**03** 막대 ㉮의 길이가 12 cm일 때, 막대 ㉯, ㉰, ㉱의 길이를 각각 구하시오.

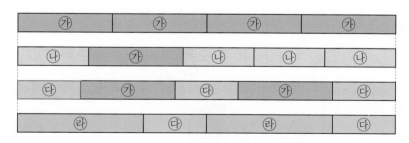

㉯ (      ), ㉰ (      ), ㉱ (      )

## 입으로 분 풍선은 왜 잘 뜨지 않을까요?

놀이공원에서 파는 풍선은 하늘 높이 잘 날아가지만
입으로 직접 불어서 공기를 넣은 풍선은 높이 떠오르지 못합니다.

헬륨과 수소가스는 주변의 공기보다 훨씬 가볍기 때문에 높이 올라가지만
사람이 내쉬는 날숨에는 질소와 산소 외에도
수증기와 이산화탄소가 더해져 공기보다 무겁습니다.

놀이공원에서 산 풍선을 놓치게 되면
높이높이 떠올라서 잡기 어렵답니다.

# 분류하기

## 5

이 단원에서
완성할 내용

# 5. 분류하기

## 1 어떻게 분류하는지 알아보기

+ 개념

• 분류할 때에는 누구나 같은 결과가 나올 수 있는 분명한 것으로 기준을 정합니다.

**＋ 분류**: 기준에 따라 나누는 것

(1) 분명하지 않은 기준으로 분류하기

| 편한 옷 | 편하지 않은 옷 |
|---|---|
| ①, ② | ③, ④, ⑤, ⑥ |

➡ 편한 옷과 편하지 않은 옷으로 분류하면 사람마다 다른 결과가 나올 수 있습니다.

(2) 분명한 기준으로 분류하기

| 파란색 옷 | 노란색 옷 |
|---|---|
| ①, ④ | ②, ③, ⑤, ⑥ |

➡ 색깔에 따라 분류하면 누가 분류해도 같은 결과가 나옵니다.

## 2 기준에 따라 분류하기

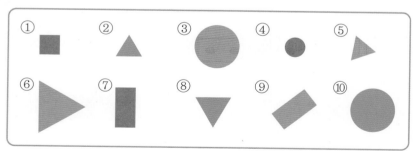

＋ 기준에 따라 분류하면 원하는 것을 쉽게 찾을 수 있고, 정리가 되어 있어 보기에도 좋습니다.

(1) 분류 기준: 모양

| 삼각형 | 사각형 | 원 |
|---|---|---|
| ②, ⑤, ⑥, ⑧ | ①, ⑦, ⑨ | ③, ④, ⑩ |

(2) 분류 기준: 색깔

| 빨간색 | 파란색 | 주황색 |
|---|---|---|
| ①, ④, ⑦ | ②, ⑧, ⑩ | ③, ⑤, ⑥, ⑨ |

# 개념 더블체크

**개념 1** 어떻게 분류하는지 알아보기

**01** 분류 기준으로 알맞은 것을 모두 찾아 기호를 쓰시오.

> ㉠ 맛있는 것과 맛없는 것
> ㉡ 콘 아이스크림과 막대 아이스크림
> ㉢ 잘 녹는 것과 잘 녹지 않는 것
> ㉣ 초콜릿 맛과 초콜릿 맛이 아닌 것

(                    )

**개념 1** 어떻게 분류하는지 알아보기

**02** 다음과 같이 악기를 분류하였습니다. 어떤 기준에 따라 분류한 것인지 쓰시오.

북    기타    리코더

트라이앵글    하프    플루트

(                    )

**개념 2** 기준에 따라 분류하기

**03** 다음 그림을 보고 바퀴의 수에 따라 분류해 보시오.

배    버스    요트

킥보드    자동차    헬리콥터

| 바퀴 0개 | 바퀴 2개 | 바퀴 4개 |
|---|---|---|
|  |  |  |

**개념 2** 기준에 따라 분류하기

**04** 컵을 색깔에 따라 분류해 보시오.

| 분류 기준 | 색깔 |
|---|---|

| 종류 | 노란색 | 분홍색 | 하늘색 |
|---|---|---|---|
| 기호 |  |  |  |

## **3** 분류하여 세어 보기

(1) 학생들이 가고 싶은 나라 조사하기

| ∨ 미국 | ○ 영국 | 미국 | △ 프랑스 | △ 프랑스 | ○ 영국 |
|---|---|---|---|---|---|
| ○ 영국 | △ 프랑스 | ∨ 미국 | ○ 영국 | ∨ 미국 | ∨ 미국 |

(2) 분류하고 그 수를 세어 표로 나타내기

① 같은 나라는 같은 표시 ∨, ○, △ 등으로 표시를 합니다.

② 표시한 것은 바로 표에 /으로 표시를 하여 그 수를 세어 봅니다.

| 나라 | 미국 | 영국 | 프랑스 |
|---|---|---|---|
| 세면서 표시하기 | ///// | //// | /// |
| 학생 수(명) | 5 | 4 | 3 |

## **4** 분류한 결과 말하기

(1) 친구들의 취미를 분류하여 수를 세어 보기

| 독서 | 독서 | 운동 | 악기 | 운동 | 악기 |
|---|---|---|---|---|---|
| 악기 | 운동 | 독서 | 악기 | 악기 | 독서 |

| 취미 | 독서 | 운동 | 악기 |
|---|---|---|---|
| 세면서 표시하기 | //// | /// | ///// |
| 친구 수(명) | 4 | 3 | 5 |

(2) 분류한 결과 말하기

① 악기를 연주하는 친구들이 가장 많습니다.

② 독서를 하는 친구들이 운동을 하는 친구들보다 1명 더 많습니다.

**+ 개념**

○ 분류 기준 정하기
↓
종류 알아보기
↓
분류하고 그 수를 세어
표로 나타내기

○ 분류한 결과를 보고 선택할 장소나 물건 등을 예상할 수 있습니다.

**개념 3** 분류하여 세어 보기

**05** 승아네 반 친구들의 혈액형을 조사하였습니다. 혈액형에 따라 분류하여 그 수를 세어 보시오.

| A형 | B형 | AB형 | B형 | O형 |
|---|---|---|---|---|
| A형 | O형 | O형 | A형 | AB형 |
| B형 | A형 | B형 | O형 | A형 |

| 혈액형 | A형 | B형 | AB형 | O형 |
|---|---|---|---|---|
| 세면서 표시하기 | | | | |
| 친구 수 (명) | | | | |

**[06~07]** 그림을 보고 물음에 답하시오.

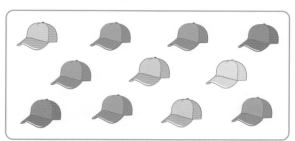

**개념 3** 분류하여 세어 보기

**06** 색깔에 따라 분류하고 그 수를 세어 보시오.

| 색깔 | 분홍색 | 초록색 | 보라색 | 노란색 |
|---|---|---|---|---|
| 수(개) | | | | |

**개념 4** 분류한 결과 말하기

**07** 어떤 색의 모자가 가장 많습니까?

( )

**[08~09]** 학생들이 가장 좋아하는 장난감을 조사하였습니다. 물음에 답하시오.

| 로봇 | 자동차 | 인형 | 자동차 |
|---|---|---|---|
| 자동차 | 로봇 | 공룡 | 자동차 |
| 자동차 | 인형 | 자동차 | 로봇 |

**개념 3** 분류하여 세어 보기

**08** 종류에 따라 분류하고 그 수를 세어 보시오.

| 종류 | 로봇 | 자동차 | 인형 | 공룡 |
|---|---|---|---|---|
| 수(개) | | | | |

**개념 4** 분류한 결과 말하기

**09** 장난감 가게에서 어떤 장난감을 더 늘리면 좋을지 써 보시오.

( )

5

분류하기

유형 1 기준을 정해 분류하기

기준을 정하여 재활용품을 종류별로 분류해 보시오.

| ㉠ | ㉡ | ㉢ | ㉣ | ㉤ | ㉥ | ㉦ | ㉧ |
|---|---|---|---|---|---|---|---|

분류 기준 [                    ]

| 플라스틱 | 유리 | 캔 | 종이 |
|---|---|---|---|
|  |  |  |  |

**풀이**

예 재활용품의 [    ]에 따라 플라스틱, 유리, 캔, 종이로

분류합니다.

플라스틱은 [  ], [  ], 유리는 [  ], [  ],

캔은 [  ], [  ], 종이는 [  ], [  ]입니다.

▶ 쏙쏙원리
물품들을 명확한 기준으로 분류하고 남은 것이 없도록 해야 합니다.

**1-1** 기준을 정하여 꽃들을 분류해 보시오.

| 장미 | 해바라기 | 수선화 | 튤립 | 동백꽃 | 제라늄 | 제비꽃 | 나팔꽃 |
|---|---|---|---|---|---|---|---|

분류 기준 [                    ]

|  |  |  |
|---|---|---|
|  |  |  |

**유형 2** 분류하여 세어 보기

지우네 반 학생들이 키우고 싶어하는 동물을 조사하였습니다. 동물의 종류에 따라 분류하고 그 수를 세어 보시오.

| | | | | | | | |
|---|---|---|---|---|---|---|---|
| 강아지 | 고양이 | 고양이 | 강아지 | 강아지 | 앵무새 | 앵무새 | 고양이 |
| 강아지 | 앵무새 | 토끼 | 앵무새 | 강아지 | 고양이 | 고양이 | 강아지 |
| 앵무새 | 토끼 | 강아지 | 토끼 | 토끼 | 앵무새 | 고양이 | 강아지 |

**풀이** 동물별로 분류하여 그 수를 세어 봅니다.

▶**똑똑원리**
분류하여 세어 볼 때에는 겹치거나 빠뜨리는 것이 없도록 주의합니다.

| 종류 | 강아지 | 고양이 | 앵무새 | 토끼 |
|---|---|---|---|---|
| 세면서 표시하기 | ////  /// | | | |
| 학생 수(명) | | | | |

**2-1** 서영이네 반 학생들이 읽고 있는 책을 조사하였습니다. 종류에 따라 분류하여 그 수를 세어 보고 동화책을 읽은 학생은 몇 명인지 구하시오.

| 위인전 | 소설책 | 동화책 | 동화책 | 동화책 | 만화책 | 만화책 |
|---|---|---|---|---|---|---|
| 동화책 | 위인전 | 동화책 | 소설책 | 위인전 | 소설책 | 만화책 |
| 만화책 | 만화책 | 위인전 | 위인전 | 위인전 | 위인전 | 소설책 |

| 종류 | 위인전 | 소설책 | 동화책 | 만화책 |
|---|---|---|---|---|
| 세면서 표시하기 | | | | |
| 학생 수(명) | | | | |

(            )

5

분류하기

**유형3** 분류한 결과 말해 보기

냉장고에 있는 주스의 종류를 조사하였습니다. 가장 적은 주스를 가장 많은 주스의 개수와 같게 하려면 어떤 주스를 몇 개 더 넣어야 합니까?

| 포도 | 사과 | 딸기 | 오렌지 | 망고 | 딸기 | 사과 |
| 오렌지 | 망고 | 포도 | 사과 | 망고 | 딸기 | 사과 |
| 망고 | 딸기 | 망고 | 포도 | 사과 | 딸기 | 망고 |

**풀이** 주스를 종류에 따라 분류하여 그 수를 세어 보면 다음과 같습니다.

▶쏙쏙원리
주스를 종류에 따라 분류하고 그 수를 세어 봅니다.

| 주스의 종류 | 포도 | 사과 | 딸기 | 오렌지 | 망고 |
| --- | --- | --- | --- | --- | --- |
| 수(개) | | | | | |

☐ 가 ☐ 개로 가장 적고, 망고가 ☐ 개로 가장 많

으므로 ☐ 를 ☐ 개 더 넣어야 합니다.

**답**

**3-1** 학생들이 좋아하는 반찬을 조사하였습니다. 급식으로 가장 많이 준비해야 할 반찬은 어느 것입니까?

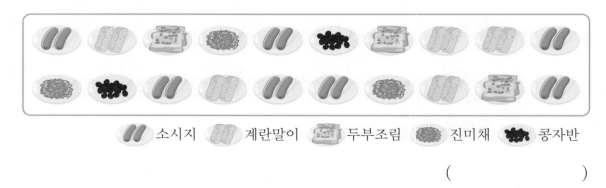

소시지  계란말이  두부조림  진미채  콩자반

( )

### 유형 4  잘못 분류한 것 찾기

다음과 같이 동물을 분류하였습니다. 잘못 분류된 것을 찾아 ○표 하시오.

> **풀이**  동물을 [          ]에 따라 [  ]개, 2개, [  ]개로 분류하였습니다. 그런데 다리가 2개인 동물인 [          ]이 다리가 4개인 동물로 잘못 분류되었습니다.

▶ **쏙쏙원리**
분류 기준에 따라 바르게 분류되어 있는지 찾아 봅니다.

**5**
분류하기

**4-1**  편의점 선반에 식품이 분류되어 있습니다. 잘못 분류되어 있는 칸을 찾아 기호를 쓰고, 바르게 고쳐 보시오.

잘못 분류된 칸 (                    )

바르게 고치기 (                    )

**유형5** 분류한 기준 알아보기

지아의 방 안에 있는 물건들을 다음과 같이 분류하였습니다. 어떤 기준으로 분류하였는지 분류 기준을 쓰시오.

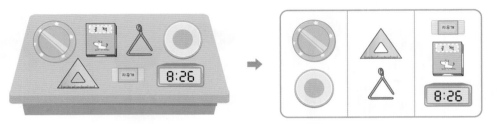

풀이

물건들을 살펴보면 거울, ☐ 는 ● 모양, 삼각자, 트라이앵글은 ☐ 모양, 지우개, ☐ , 시계는 ■ 모양입니다.

따라서 방 안에 있는 물건들은 ☐ 에 따라 분류하였습니다.

▶쏙쏙원리
분류한 물건들의 공통점과 차이점을 찾아 분류 기준을 씁니다.

답

**5-1** 15장의 그림카드를 3개의 상자에 나누어 담으려고 합니다. 분류 기준을 2가지 이상 써 보시오.

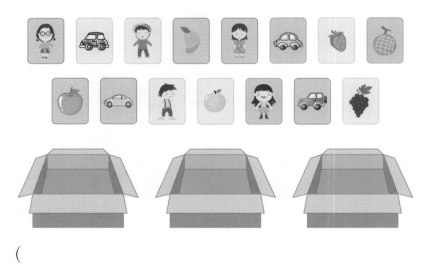

( )

**유형6** 두 가지 기준으로 분류하기

다음 단추 중에서 빨간색이고 구멍이 2개인 것은 모두 몇 개입니까?

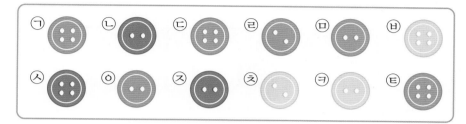

**풀이** 단추를 색깔에 따라 분류합니다.

| 빨간색인 것 | 빨간색이 아닌 것 |
|---|---|
|  |  |

▶ 쏙쏙원리
색깔이 빨간색인 단추를 먼저 찾고 구멍의 수를 살펴봅니다.

빨간색 단추에서 구멍의 수에 따라 분류합니다.

| 2개 | 4개 |
|---|---|
|  |  |

따라서 색깔이 빨간색이고 구멍이 2개인 것은 ☐개입니다.

답

**6-1** 끈이 있는 파란색 신발은 모두 몇 켤레입니까?

(          )

5

분류하기

**01** 컵을 기준에 따라 분류하려고 합니다. 기준 ①에 따라 분류하면 ㉢, ㉤이 같은 분류에 들어가고, 기준 ②에 따라 분류하면 ㉠, ㉣이 같은 분류에 들어갑니다. ①, ②에 알맞은 분류 기준을 쓰시오.

⟑ 컵들이 가지고 있는 특징들을 살펴 봅니다.

기준 ① (                    )

기준 ② (                    )

**02** 오른쪽 모양을 만드는 데 각 도형을 몇 개씩 사용했는지 그 수를 세어 보시오.

| 도형 | 삼각형 | 사각형 | 원 |
| --- | --- | --- | --- |
| 개수(개) | | | |

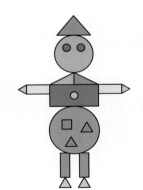

**03** 공 모양의 사탕 중 분홍색 사탕은 모두 몇 개입니까?

⟑ 공 모양 사탕을 먼저 찾은 후에 분홍색 사탕을 찾아 봅니다.

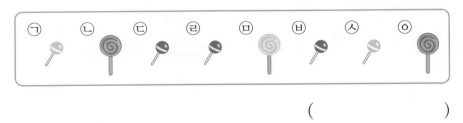

(                    )

**04** 현호는 사야할 물건이 적힌 쪽지를 가지고 마트에 왔습니다. 층별로 파는 물건들이 다음과 같이 분류되어 있을 때, 현호가 사야할 물건을 층별로 분류해 보시오.

포크, 샴푸, 주전자, 샤프, 포스트잇

각 층에서 파는 물품의 종류를 알아 봅니다.

| 1층 | 2층 | 3층 |
|---|---|---|
|  |  |  |

| 1층 | 2층 | 3층 |
|---|---|---|
|  |  |  |

5
분류하기

서술형

**05** 수민이네 반 학생들이 가지고 있는 딱지의 수를 조사하였습니다. 딱지를 20개보다 적게 가지고 있는 학생은 24개보다 많이 가지고 있는 학생보다 몇 명 더 많은지 풀이 과정을 쓰고 답을 구하시오.

딱지의 수 20개와 24개를 기준으로 분류합니다.

| 8개 | 12개 | 21개 | 25개 | 9개 | 13개 | 6개 | 18개 | 15개 | 23개 |
|---|---|---|---|---|---|---|---|---|---|
| 24개 | 29개 | 18개 | 22개 | 31개 | 25개 | 27개 | 13개 | 28개 | 11개 |

풀이

답

**06** 어느 가게에서 어제 팔린 아이스크림을 조사한 것입니다. 오늘 가장 많이 준비해야 할 아이스크림의 종류는 무엇입니까?

> 많이 팔린 맛의 아이스크림을 준비하는 것이 좋습니다.

| | | | | | | | |
|---|---|---|---|---|---|---|---|
| 딸기 | 초코 | 딸기 | 초코 | 딸기 | 바닐라 | 민트 | 바닐라 |
| 딸기 | 딸기 | 딸기 | 민트 | 초코 | 딸기 | 민트 | 바닐라 |
| 민트 | 딸기 | 딸기 | 초코 | 초코 | 바닐라 | 민트 | 딸기 |

(          )

**07** 성진이가 7월 한 달 동안의 날씨를 조사하였습니다. 맑은 날이 흐린 날보다 5일 많았을 때, 29일의 날씨를 구하시오.

> 표를 만들어 날씨별 날수를 구합니다.

| 일 | 월 | 화 | 수 | 목 | 금 | 토 |
|---|---|---|---|---|---|---|
| | | | | 1 ☀ | 2 ☀ | 3 ☀ |
| 4 🌂 | 5 ☀ | 6 ☁ | 7 🌂 | 8 🌂 | 9 🌂 | 10 ☀ |
| 11 ☁ | 12 ☁ | 13 🌂 | 14 ☀ | 15 ☀ | 16 ☀ | 17 ☁ |
| 18 ☁ | 19 🌂 | 20 🌂 | 21 ☁ | 22 ☀ | 23 🌂 | 24 🌂 |
| 25 ☀ | 26 ☀ | 27 ☁ | 28 🌂 | 29 | 30 ☀ | 31 ☁ |

☀맑음 ☁흐림 🌂비

(          )

**[08~10]** 한 봉지에 들어 있는 젤리를 조사한 것입니다. 물음에 답하시오.

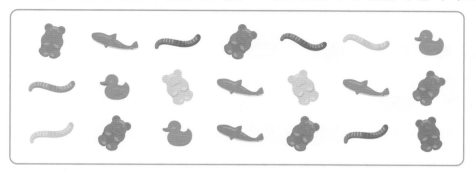

**08** 모양과 색깔에 따라 분류하여 세어 보시오. (단, 없는 것은 쓰지 않습니다.)

| 모양<br>색깔 | 곰 | 상어 | 지렁이 | 오리 |
|---|---|---|---|---|
| 빨간색 | | | | |
| 보라색 | | | | |
| 초록색 | | | | |
| 노란색 | | | | |

**09** 초록색 곰 모양 젤리는 빨간색 오리 모양 젤리보다 몇 개 더 많은지 구하시오.

(               )

**10** 친구들에게 젤리를 나누어 주었더니 모양별로 젤리 수가 같아졌습니다. 많이 나누어 준 것부터 차례로 쓰시오. (단, 각 모양은 반드시 한 개 이상 나누어 주었습니다.)

(               )

개수가 많을수록 더 많이 나누어 줄 수 있습니다.

5

분류하기

[11~12] 승훈이네 모둠 학생들이 좋아하는 음식을 조사하였습니다. 물음에 답하시오.

| 종류 | 한식 | 중식 | 일식 |
|------|------|------|------|
| 수(명) | | 5 | 3 |

**11** 동현이가 좋아하는 음식은 한식, 중식, 일식 중 어느 것입니까?

(                    )

🚩 자료에서 중식과 일식을 좋아하는 학생 수를 세어 표와 비교합니다.

**12** 한식을 좋아하는 학생은 모두 몇 명입니까?

(                    )

🚩 자료에서 비빔밥을 좋아하는 학생 수를 세어 봅니다.

**13** 어느 과자 전문점에서 종류에 따라 분류한 것입니다.

| 1천 원 | 2천 원 | 3천 원 |
|--------|--------|--------|
| 젤리 젤리 | | 초코칩 감자칩 |

🚩 (몇천)＋(몇천)의 계산은 천의 자리 숫자끼리 계산한 뒤 0을 3개 붙입니다.

주아가 다음과 같이 사면 얼마를 내야 합니까?

(                    )

**14** 학생들이 좋아하는 스포츠를 조사한 자료와 표의 일부분이 지워졌습니다. 예진이와 같은 스포츠를 좋아하는 학생은 없고, 지윤이는 가장 많은 학생들이 좋아하는 스포츠를 좋아합니다. 지워진 부분에 알맞은 것을 써넣으시오.

전체 학생 수를 먼저 구합니다.

| 학생 | 지윤 | 도현 | 시원 | 아린 | 현서 |
|---|---|---|---|---|---|
| 스포츠 | | 농구 | 야구 | 야구 | 축구 |
| 학생 | 우빈 | 가은 | 사랑 | 규민 | 예진 |
| 스포츠 | 축구 | 야구 | | 농구 | |
| 학생 | 하진 | 주호 | 유나 | 다은 | 서연 |
| 스포츠 | 야구 | 농구 | 축구 | 야구 | 축구 |

| 스포츠 | 야구 | 축구 | 농구 | 배구 |
|---|---|---|---|---|
| 학생 수(명) | | 5 | 3 | 1 |

**15** 여러 가지 숫자가 쓰여 있는 모양 카드입니다. 다음 중 바르게 설명한 사람은 누구입니까?

소윤: 가장 적은 모양은 ⬤이고, 가장 많은 숫자는 1입니다.
진형: 가장 많은 모양에 쓰여 있는 숫자의 합은 6입니다.
준석: 3이 적힌 것 중 가장 많은 모양은 ⭐입니다.

(            )

01  |보기|와 같은 기준으로 다음 수 카드를 2모둠으로 분류하시오.

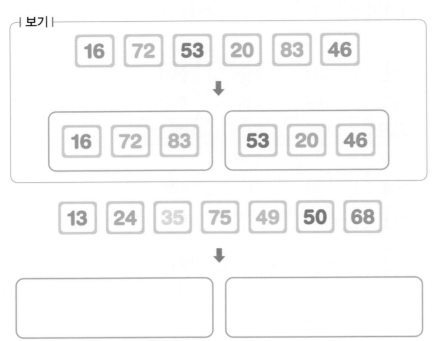

13  24  35  75  49  50  68

↓

02  단추를 모양별로 분류하고 구멍의 개수로 다시 분류하였습니다. 구멍이 2개인 단추가 구멍이 4개인 단추보다 16개 더 많고, 원 모양이 사각형 모양보다 7개 더 많을 때, 빈칸에 알맞은 수를 써넣으시오.

| 모양 | 원 | 삼각형 | 사각형 |
| --- | --- | --- | --- |
| 구멍 2개(개) | 23 | 15 | 12 |
| 구멍 4개(개) | | 10 | |

**03** 기준을 정하여 다음 카드를 두 단계로 분류했습니다. ㉠과 ㉡에 알맞은 기준을 쓰고 나머지 카드를 분류해서 번호를 쓰시오.

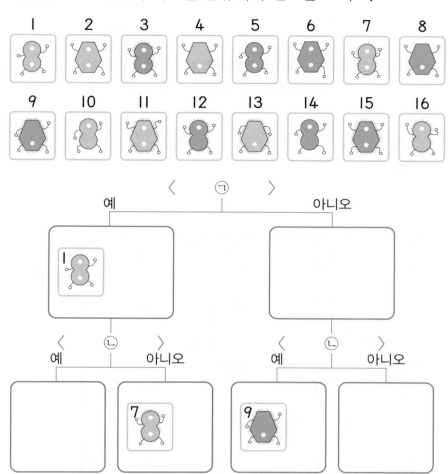

정답은 27쪽

**\*\* 규칙 \*\***

9칸으로 되어 있는 각 가로줄과 세로줄에는 1에서 9까지의
숫자가 중복없이 한 번씩만 들어가야 합니다.

|   | 1 |   | 9 | 6 |   |   | 2 | 7 | 3 |   |
|---|---|---|---|---|---|---|---|---|---|---|
| 8 |   |   |   | 3 |   |   | 4 |   | 5 |   |
|   |   |   | 6 |   |   |   |   | 4 |   |   |
| 2 | 9 |   |   | 5 |   | 7 |   |   | 4 | 3 |
|   |   |   |   |   | 6 |   |   |   | 8 |   |
| 7 | 6 |   |   | 2 |   | 3 |   |   | 1 | 9 |
|   |   | 3 |   |   |   |   | 1 |   |   |   |
|   |   |   |   | 4 |   | 5 |   |   |   | 2 |
|   | 2 | 4 |   | 7 |   | 1 | 8 | 9 |   |   |

# 곱셈

# 6

이 단원에서
완성할 내용

# 6. 곱셈

## 1 여러 가지 방법으로 세기

• 당근 10개를 여러 가지 방법으로 세기

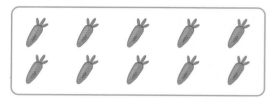

방법① 하나씩 세기

➡ 1, 2, 3……7, 8, 9, 10이므로 모두 10개입니다.

방법② 뛰어 세기

➡ 2씩 뛰어 세면 2, 4, 6, 8, 10이므로 모두 10개입니다.

방법③ 묶어 세기

➡ 2씩 묶어 세면 5묶음이므로 모두 10개입니다.

◎ ■씩 ▲묶음은 ■씩 ▲번 뛰어 세는 것과 같습니다.

## 2 묶어 세기

• 달걀의 수 묶어 세기

(1) 4씩 묶어 세기

(2) 3씩 묶어 세기

◎ 수를 여러 가지 방법으로 묶어 세기 할 수 있습니다.

16 ⟨ 2씩 8묶음
4씩 4묶음
8씩 2묶음

## 3 몇의 몇 배 알아보기

• 2씩 3묶음은 6입니다.

• 2씩 3묶음은 2의 3배입니다.

➡ 2의 3배는 6이고 6은 2의 3배입니다.

◎ ■의 ▲배는 ■를 ▲번 더한 것과 같습니다.

■의 ▲배

➡ ■ + ■ + …… + ■
└────── ▲번 ──────┘

**개념 1** 여러 가지 방법으로 세기

**[01~02]** 리본은 모두 몇 개인지 여러 가지 방법으로 세어 보시오.

**01** 하나씩 세어 보면 모두 몇 개입니까?

(         )

**02** ☐ 안에 알맞은 수를 써넣으시오.

리본을 2씩 뛰어 세면 2, 4, 6, ☐, ☐, ☐, ☐ 이므로 모두 ☐ 개입니다.

**개념 2** 묶어 세기

**03** 그림을 보고 ☐ 안에 알맞은 수를 써넣으시오.

☐씩 ☐묶음

➡ 사과는 모두 ☐ 개입니다.

**개념 2** 묶어 세기

**04** 컵라면은 모두 몇 개인지 4씩 묶어 세어 보시오.

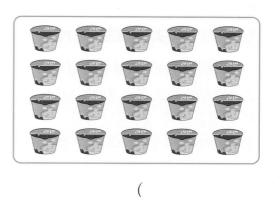

(         )

**개념 3** 몇의 몇 배 알아보기

**05** ◯◯의 5배가 되도록 ◯◯를 더 그리고, ☐ 안에 알맞은 수를 써넣으시오.

$2 + \boxed{\phantom{0}} + \boxed{\phantom{0}} + \boxed{\phantom{0}} + \boxed{\phantom{0}} = \boxed{\phantom{0}}$

**개념 3** 몇의 몇 배 알아보기

**06** 지수는 오른쪽 스티커 수의 6배만큼 스티커를 모았습니다.
지수가 모은 스티커는 모두 몇 개입니까?

(         )

## 4 곱셈식 알아보기

(1) 곱셈식 알아보기

① 안경의 수는 3씩 7묶음입니다.

② 3씩 7묶음은 3의 7배입니다.

③ 안경은 모두 21개입니다.

④ 3의 7배를 3 × 7이라고 씁니다.

⑤ 3 × 7은 3 곱하기 7이라고 읽습니다.

(2) 곱셈식 쓰고 읽기

① 4의 3배는 12입니다.

　덧셈식　4 + 4 + 4 = 12

　곱셈식　4 × 3 = 12

② 4 × 3 = 12는 4 곱하기 3은 12와 같습니다라고 읽습니다.

③ 4와 3의 곱은 12입니다.

## 5 곱셈식 활용하기

① 종이컵의 수는 6의 4배입니다.

② 덧셈식으로 나타내면 6 + 6 + 6 + 6 = 24입니다.

③ 곱셈식으로 나타내면 6 × 4 = 24입니다.

④ 종이컵은 모두 24개입니다.

+ 개념

○ ■씩 ▲묶음
　➡ ■의 ▲배
　➡ ■와 ▲의 곱
　➡ ■ × ▲

○ ■의 ▲배가 ●일 때
　■ × ▲ = ●라고 쓰고,
　■ 곱하기 ▲는 ●와 같습
　니다라고 읽습니다.

○ 덧셈식과 곱셈식의 관계
　■ + ■ + …… + ■ + ■ = ●
　└────▲번────┘
　　　　↓
　　■ × ▲ = ●

**개념 4** 곱셈식 알아보기

**07** 그림을 보고 □ 안에 알맞은 수를 써넣으시오.

$4 \times \boxed{\phantom{0}} = \boxed{\phantom{0}}$ , $5 \times \boxed{\phantom{0}} = \boxed{\phantom{0}}$

**개념 4** 곱셈식 알아보기

**08** 관계있는 것끼리 선으로 이어 보시오.

3의 3배 ·          · $7 \times 5$

8과 4의 곱 ·          · $3 \times 3$

7 곱하기 5 ·          · $8 \times 4$

**개념 4** 곱셈식 알아보기

**09** 그림을 보고 알맞은 곱셈식을 써넣으시오.

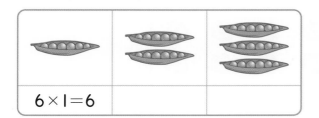

$6 \times 1 = 6$

**개념 5** 곱셈식 활용하기

**10** 한 상자에 도넛이 3개씩 들어 있는 상자 8개가 있습니다. 도넛은 모두 몇 개인지 덧셈식과 곱셈식으로 나타내어 보시오.

덧셈식 _____

곱셈식 _____

**개념 5** 곱셈식 활용하기

**11** 오리 다리의 수를 곱셈식으로 나타내어 보시오.

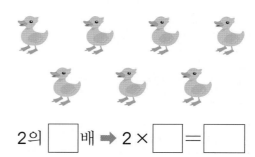

2의 $\boxed{\phantom{0}}$ 배 ➡ $2 \times \boxed{\phantom{0}} = \boxed{\phantom{0}}$

**개념 5** 곱셈식 활용하기

**12** 얼음이 한 판에 8개씩 있습니다. 6판에 있는 얼음은 모두 몇 개인지 구하시오.

(         )

6
곱
셈

## STEP C 교과서유형완성

### 유형 1 여러 가지 곱셈으로 나타내기

그림을 보고 무당벌레의 수를 (한 자리 수) × (한 자리 수)로 모두 나타내어 보시오.

**풀이** 무당벌레는 모두 14마리이고

빠짐없이 한 자리 수씩 묶으면 2마리씩 ☐ 묶음, 7마리씩

☐ 묶음입니다.

따라서 곱셈으로 나타내면 2 × ☐ , 7 × ☐ 입니다.

▶ 쏙쏙원리
묶어 셀 때에는 ■씩 ▲묶음으로 하나도 빠짐없이 묶습니다.

**답**
.....................................

**1-1** 그림을 보고 토마토의 수를 (한 자리 수) × (한 자리 수)로 모두 나타내어 보시오.

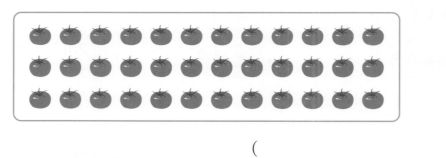

(                    )

**1-2** 그림을 보고 모자의 수를 (한 자리 수) × (한 자리 수)로 모두 나타내어 보시오.

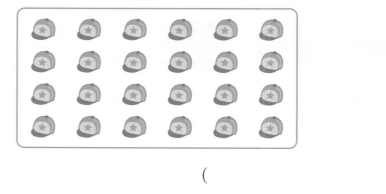

(                    )

**유형2** **몇 배인지 구하기**

4칸 길이의 고무줄을 그림과 같이 잡아 늘였습니다. 처음 고무줄의 길이의 몇 배가 되게 늘였습니까?

처음 고무줄

늘인 고무줄

---

**풀이**

처음 고무줄의 길이는 4칸이고, 늘인 고무줄의 길이는 ☐ 칸입니다.

☐ 은 4씩 ☐ 묶음이므로 4의 ☐ 배입니다.

따라서 처음 고무줄의 길이의 ☐ 배가 되게 늘였습니다.

▶쏙쏙원리
칸 수를 세어 각 고무줄의 길이가 몇 칸인지 알아봅니다.

**답**

---

**2-1** 3칸 길이의 용수철을 그림과 같이 잡아 늘였습니다. 처음 용수철의 길이의 몇 배가 되게 늘였습니까?

처음 용수철

늘인 용수철

( )

---

**2-2** 현아가 쌓은 쌓기나무의 높이는 유주가 쌓은 쌓기나무의 높이의 몇 배입니까?

유주

현아

( )

**유형3** 일부분이 보이지 않을 때, 전체 개수 구하기

하트 모양이 규칙적으로 그려진 벽지에 얼룩이 져 있습니다. 벽지에 그려진 하트 모양은 모두 몇 개입니까?

**풀이** 얼룩으로 가려진 부분에도 하트 모양이 규칙적으로 그려져 있으므로 하트 모양은 8씩 ☐ 묶음입니다.

8씩 ☐ 묶음은 8의 ☐ 배이므로 그려진 하트 모양은 모두 8 × ☐ = ☐ (개)입니다.

▶ 쏙쏙원리
가려진 부분까지 생각하여 하트 모양이 몇씩 몇 묶음 인지 알아봅니다.

**답**

**3-1** 구름 모양이 규칙적으로 그려진 카펫에 강아지가 앉아 있습니다. 카펫에 그려진 구름 모양은 모두 몇 개입니까?

(        )

**3-2** 고양이 모양이 규칙적으로 그려진 종이가 그림과 같이 찢어졌습니다. 찢어지기 전 종이에 그려진 고양이 모양은 모두 몇 개 입니까?

(        )

**유형 4** **몇씩 몇 묶음일 때의 개수 구하기**

요거트가 두 묶음씩 한 봉지에 담겨 있습니다. 세 봉지에 담긴 요거트는 모두 몇 개입니까?

**풀이** 한 봉지에 담긴 요거트는 4씩 2묶음이므로 4의 $\boxed{\phantom{0}}$배입니다. ➡ 4 × $\boxed{\phantom{0}}$ = $\boxed{\phantom{0}}$ (개)

세 봉지에 담긴 요거트는 $\boxed{\phantom{0}}$씩 3묶음이므로 $\boxed{\phantom{0}}$의 3배입니다. ➡ $\boxed{\phantom{0}}$ × 3 = $\boxed{\phantom{0}}$ (개)

▶ 쏙쏙원리
● 씩 ■ 묶음은 ●의 ■배로
● × ■ 입니다.

**답**

**4-1** 색종이 6장을 겹쳐 모양대로 오렸을 때 ☾ 모양과 ☆ 모양은 각각 몇 개씩 만들어지는지 구하시오.

☾ (           ), ☆ (           )

**4-2** 골프공이 한 상자에 3개씩 2줄로 들어 있습니다. 8상자에 들어 있는 골프공은 모두 몇 개입니까?

(           )

6
곱셈

---

**유형5** 곱셈을 활용하여 남은 개수 구하기

한 상자에 8개씩 들어 있는 수수깡이 6상자 있었습니다. 이 수수깡을 미술시간에 3개씩 9명이 사용했습니다. 남은 수수깡은 몇 개입니까?

**풀이**

수수깡의 수는 8의 □ 배이므로 8 × □ = □ (개)

이고, 사용한 수수깡의 수는 3의 □ 배이므로

3 × □ = □ (개)입니다.

(남은 수수깡의 수)

= (전체 수수깡의 수) − (사용한 수수깡의 수)

= □ − □ = □ (개)입니다.

▶쏙쏙원리
(남은 수수깡의 수)
= (전체 수수깡의 수)
  − (사용한 수수깡의 수)

**답**

---

**5-1** 윤아는 한 봉지에 7개씩 들어 있는 약과를 6봉지 가지고 있었습니다. 약과를 4개씩 친구 5명에게 나누어 주었다면 남은 약과는 몇 개입니까?

(                    )

---

**5-2** 구슬이 한 상자에 5개씩 9상자가 있었습니다. 팔찌 하나에 구슬 8개씩 꿰어 팔찌 4개를 만들었습니다. 만들고 남은 구슬은 몇 개입니까?

(                    )

## 유형 6  곱의 크기 비교하기

진열대에 빵이 놓여 있습니다. 가장 많은 빵은 무엇입니까?

> 팥빵: 2개씩 9묶음
>
> 크림빵: 3개씩 7묶음
>
> 초코빵: 5개씩 4묶음

**풀이**

팥빵: 2의 ☐배이므로 2 × ☐ = ☐ (개) 있습니다.

크림빵: 3의 ☐배이므로 3 × ☐ = ☐ (개) 있습니다.

초코빵: 5의 ☐배이므로 5 × ☐ = ☐ (개) 있습니다.

☐ > ☐ > ☐ 이므로 가장 많은 빵은 ☐ 입니다.

▶ 쏙쏙원리
■개씩 ▲묶음은 ■ × ▲입니다.

**답**

**6-1** 체험학습을 가서 반별로 캔 고구마의 양입니다. 가장 많은 양을 캔 것은 어느 반입니까?

( )

| 1반 | 2 kg씩 8상자 |
| --- | --- |
| 2반 | 3 kg씩 5상자 |
| 3반 | 4 kg씩 2상자 |

**6-2** 어느 꽃집에 있는 장미의 수입니다. 가장 적은 장미는 무슨 색 장미입니까?

( )

> 노란 장미: 7송이씩 5묶음
>
> 빨간 장미: 6송이씩 9묶음
>
> 분홍 장미: 4송이씩 8묶음

**01** ●에 알맞은 수는 얼마입니까?

> · ★은 ●보다 14 큰 수입니다.
> · ★은 28에서 7씩 5번 뛰어 센 수입니다.

(              )

🚩 ●씩 ▲번 뛰어 센 것은 ●씩 ▲묶음과 같습니다.

**02** 나타내는 수가 큰 것부터 차례로 기호를 쓰시오.

> ㉠ 4씩 8묶음      ㉡ 5의 6배
> ㉢ 7씩 3줄      ㉣ 9 곱하기 4

(              )

🚩 ■씩 ●묶음은 ■의 ●배입니다.

**03** 그림을 보고 물고기의 수를 (한 자리 수) × (한 자리 수)로 모두 나타내어 보시오.

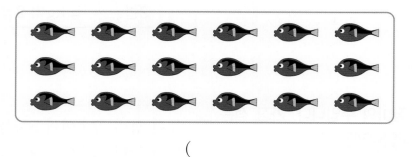

(              )

🚩 몇 묶음씩 묶을 때 빠짐없이 묶습니다.

**04** 사과를 지호는 6개씩 7묶음 가지고 있고, 서우는 5개씩 8묶음 가지고 있습니다. 두 사람 중 사과를 누가 몇 개 더 많이 가지고 있습니까?

(         ), (       )

⚑ 각자 가지고 있는 사과의 수를 구합니다.

**05** 야구공이 4개씩 들어 있는 상자가 7개 있고, 9개씩 들어 있는 상자가 6개 있습니다. 이 야구공을 학생 75명에게 1개씩 나누어 주면 몇 개가 남습니까?

(       )

⚑ (전체 야구공의 수)
=(4개씩 7상자에 든 야구공의 수)
　+(9개씩 6상자에 든 야구공의 수)

**06** 세 편의점에 있는 우유는 모두 몇 개입니까?

- ㉮ 편의점: 우유가 6개씩 5묶음 있습니다.
- ㉯ 편의점: ㉮ 편의점보다 우유가 21개 적게 있습니다.
- ㉰ 편의점: ㉯ 편의점에 있는 우유 수의 4배보다 11개 더 있습니다.

(       )

⚑ ㉮ 편의점에 있는 우유의 수를 먼저 구합니다.

**07** 삼촌의 나이는 35살이고 이모의 나이는 24살입니다. 삼촌과 이모의 나이의 합은 유찬이의 나이의 9배보다 13살이 더 적습니다. 유찬이의 나이를 구하시오.

( )

(유찬이의 나이)×9
=(삼촌과 이모의 나이의 합)
+13

**08** 원 모양이 규칙적으로 그려진 포장지가 있습니다. 리본으로 가려진 부분에 있는 원 모양의 개수를 구하시오.

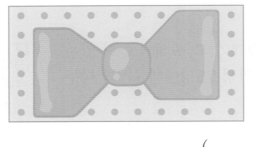

( )

**09** 목도리 4개와 모자 3개가 있습니다. 목도리 하나와 모자 하나를 고르는 방법은 모두 몇 가지인지 풀이 과정을 쓰고 답을 구하시오.

목도리 1개에 모자를 고를 수 있는 방법이 몇 가지인지 생각해 봅니다.

목도리 ➡

모자 ➡

풀이

답

**10** 8명이 동시에 가위바위보를 했습니다. 이 중에서 3명이 바위를 내서 졌을 때 펼친 손가락은 모두 몇 개입니까?

(            )

**11** 1분에 8 cm씩 움직이는 거북이와 1분에 6 cm씩 움직이는 나무늘보가 있습니다. 거북이가 48 cm 움직이는 동안 나무늘보가 움직이는 거리는 몇 cm입니까?

(            )

⚑ 거북이는 1분에 8 cm씩 움직이므로 $\square$분 동안 $(8 \times \square)$cm 움직입니다.

**6**

**곱셈**

**12** $\blacksquare + \blacktriangle - \bullet$의 값을 구하시오.

- 3의 4배는 $\blacksquare$입니다.
- $\blacktriangle$의 5배는 40입니다.
- 56은 8의 $\bullet$배입니다.

(            )

⚑ $\blacksquare \times \blacktriangle$
$= \underbrace{\blacksquare + \blacksquare + \cdots\cdots + \blacksquare}_{\blacktriangle 번}$

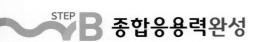

**13** □ 안에 공통으로 들어갈 수 있는 한 자리 수를 구하려고 합니다. 풀이 과정을 쓰고 답을 구하시오.

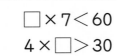

$$□ \times 7 < 60$$
$$4 \times □ > 30$$

풀이 _____

_____

_____

답 _____

**14** 오른쪽으로 이동할 때의 규칙을 찾아 ㉠+㉡의 값을 구하시오.

| 3 | 6 | 9 | 12 | 15 |
|---|---|---|----|----|
| 4 | 8 | 12 | 16 | 20 |
|   | ㉠ |   | 24 |    |
|   |   | 21 | ㉡ |    |

표에서 오른쪽으로 한 칸씩 갈 때마다 수가 어떤 규칙으로 바뀌는지 알아봅니다.

(           )

**15** 수 카드 중 2장을 골라 곱셈식을 만들려고 합니다. 계산 결과가 가장 크게 되도록 식을 완성하고 계산하시오.

곱하는 두 수가 클수록 계산 결과도 커집니다.

| 4 | 5 | 2 | 9 | 8 | 3 |

□ × □ = □

# STEP A 최상위실력완성

**01** 그림과 같은 사각형 8개를 겹치지 않게 빈틈없이 이어 붙여 큰 사각형을 만들려고 합니다. 만들 수 있는 사각형 중 네 변의 길이의 합이 가장 긴 것과 가장 짧은 것의 길이의 차를 구하시오.

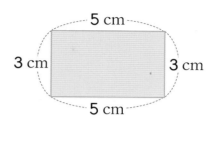

(                    )

**02** ㉠, ㉡, ㉢, ㉣은 1에서 9까지의 수 중 서로 다른 한 자리 수입니다. ㉢이 ㉣보다 클 때, 다음을 만족하는 식은 모두 몇 개입니까?

$$㉠ × ㉡ = ㉢㉣$$

(                    )

**03** 다음은 각 단계별로 같은 규칙에 따라 계산한 것입니다. ㉠＋㉡의 값을 구하시오.

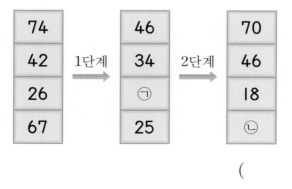

(                    )

MEMO

MEMO

MEMO

바다를 보면 바다를 닮고
나무를 보면 나무를 닮고
모두 자신이 바라보는 걸 닮아갑니다.
우리는 지금 어디를 보고 있나요?

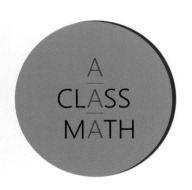

A
CLASS
MATH

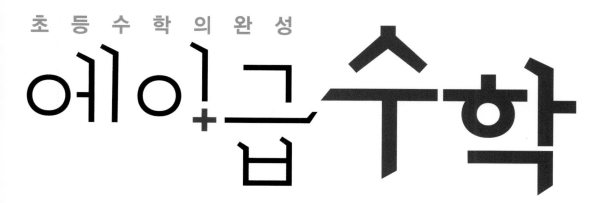

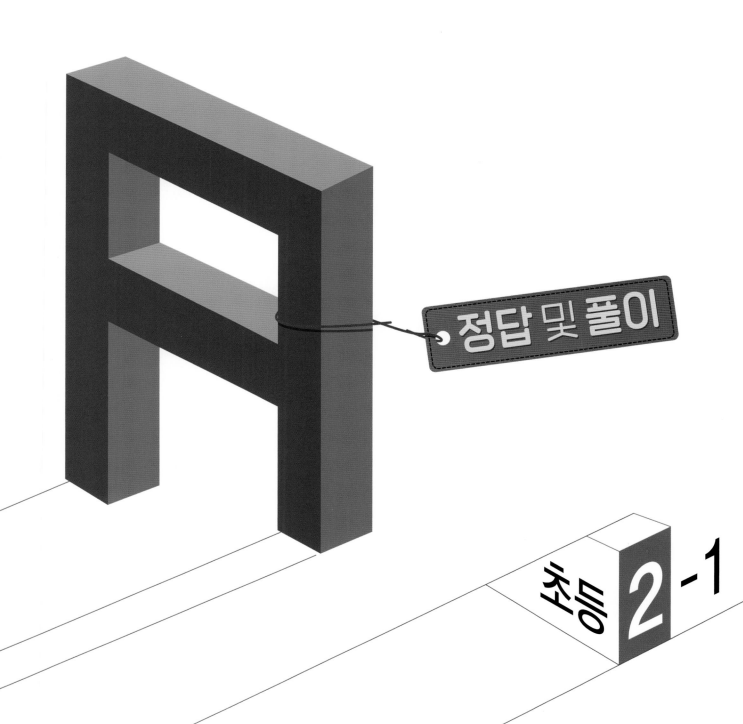

정답 및 풀이

초등 **2**-1

# 차례

# 1. 세 자리 수

본문 007~011쪽

 개념 더블체크

**01** 60, 100 **02** 7, 20, 50 **03** 6장
**04** 300장 **05** 700개 **06** 400개
**07** 육백구십사, 712, 사백오 **08** 259권
**09** 8 **10** (1) 30 (2) 1 (3) 800
**11** 652, 754 **12** 100개
**13** 370, 380, 390 **14** 484
**15** 524, 525, 526, 527
**16** (1) > (2) < (3) > **17** ©, ⊙, ⓛ
**18** 지후

**01** 50보다 10만큼 더 큰 수는 60, 90보다 10만큼 더 큰 수는 100입니다.

답 60, 100

**02** 100은 93보다 7만큼 더 큰 수, 80보다 20만큼 더 큰 수, 50보다 50만큼 더 큰 수입니다.

답 7, 20, 50

**03** 100은 94보다 6만큼 더 큰 수이므로 100장을 모으려면 94장에서 6장 더 필요합니다.

답 6장

**04** 100장씩 3상자 ➡ 300장

답 300장

**05** 10이 10개이면 100입니다.
➡ 10이 70개이면 100이 7개인 수와 같으므로 700입니다.
따라서 곶감은 700개입니다.

답 700개

**06** (남은 상자 수)=8−4=4(상자)
100개씩 4상자이면 400개입니다.

답 400개

다른풀이 100개씩 8상자 → 800개
100개씩 4상자 → 400개
➡ 800−400=400(개)

**07**

| 694 | 육백구십사 |
|-----|-----------|
| 712 | 칠백십이 |
| 405 | 사백오 |

답 육백구십사, 712, 사백오

**08** 100권씩 2묶음 → 200권 ⎤
10권씩 5묶음 → 50권 ⎬ ➡ 259권
낱개 9권 → 9권 ⎦

답 259권

**09** 100이 8개 → 800 ⎤
10이 3개 → 30 ⎬ ➡ 839
1이 9개 → 9 ⎦ └→ 백의 자리 숫자

답 8

**10** (1) 3은 십의 자리 숫자이므로 30입니다.
(2) 1은 일의 자리 숫자이므로 1입니다.
(3) 8은 백의 자리 숫자이므로 800입니다.

답 (1) 30 (2) 1 (3) 800

**11** 숫자 5가 50을 나타내는 수는 십의 자리 숫자가 5인 수이므로 □5□인 수를 찾습니다. 따라서 구하는 수는 652, 754입니다.

답 652, 754

**12** ⊙의 2는 백의 자리 숫자이므로 ⊙이 나타내는 값은 200입니다. ⓛ의 2는 일의 자리 숫자이므로 ⓛ이 나타내는 값은 2입니다.
따라서 200은 2가 100개인 수입니다.

답 100개

**13** 십의 자리 숫자가 1씩 커지므로 10씩 뛰어 센 것입니다.
340−350−360−370−380−390

답 370, 380, 390

**14** 100씩 거꾸로 뛰어 세면 백의 자리 숫자가 1씩 작아집니다.
884−784−684−584−484
따라서 884에서 100씩 거꾸로 4번 뛰어 센 수는 484입니다.

답 484

**15** |씩 뛰어 센 규칙이므로
523-524-525-526-527입니다.

답 524, 525, 526, 527

**16** (1) 864 ⊃ 670
　　　└8>6┘

(2) 428 ⊂ 456
　　└2<5┘

(3) 219 ⊃ 215
　　　└9>5┘

답 (1) > (2) < (3) >

**17** 높은 자리의 숫자가 클수록 더 큰 수이므로
백의 자리부터 차례대로 비교합니다.
412>381>375
└4>3┘└8>7┘
➡ ㉢>㉠>㉡

답 ㉢, ㉠, ㉡

**18** 지후 271 > 264 준우
　　　　└7>6┘
따라서 지후가 구슬을 더 많이 가지고 있습니다.

답 지후

---

**STEP C 교과서유형완성**　　본문 012~018쪽

유형1 |0, 6, 4 / 4개
**1-1** 30쪽　　　**1-2** 80개　　　**1-3** 3개
유형2 600, |50, 8, 758, 758 / 758개
**2-1** 5개　　　**2-2** 493　　　**2-3** 677장
유형3 200, 50, 256, 256, 300, 초코 우유 / 초
코 우유
**3-1** ㉠　　　**3-2** ㉠, ㉡, ㉢
유형4 751, 651, 651, 651, 651, 661, 671,
681, 691 / 691
**4-1** 573　　　**4-2** 743, 744, 746, 747
**4-3** 446
유형5 2, 6, 7, 0, 2, 206 / 206
**5-1** 942　　　**5-2** 308
유형6 5, 5, 6, 7, 8, 9 / 5, 6, 7, 8, 9
**6-1** 0, |, 2, 3　　**6-2** 5
유형7 7, 2, 7■2, 742, 752 / 742, 752
**7-1** 454　　　**7-2** 663

---

**1-1** |00은 70보다 30만큼 더 큰 수이므로 승준이는
30쪽을 더 풀어야 합니다.

답 30쪽

**1-2** |0개씩 |0상자는 |00개이고 |0개씩 2상자는
20개입니다. |00보다 20만큼 작은 수는 80이
므로 남은 비누는 80개입니다.

답 80개

**1-3** 50원짜리 동전 |개는 |0원짜리 동전 5개와 같
습니다. 50원짜리 동전 |개와 |0원짜리 동전 2
개를 합하면 |0원짜리 동전 7개와 같으므로
|00원이 되려면 |0원짜리 동전이
|0-7=3(개) 더 있어야 합니다.

답 3개

**2-1** |00이　2개 → 200 ┐
　　　|0이 30개 → 300 ┘➡ 500
500은 |00이 5개인 수입니다.

답 5개

**2-2** |00이　4개 → 400 ┐
　　　|0이　7개 →　70 ┤➡ 493
　　　|이 23개 →　23 ┘

답 493

**2-3** |00장씩　5묶음 → 500장 ┐
　　|0장씩 |4묶음 → |40장 ┤➡ 677장
　　낱장 37장　　 →　37장 ┘

답 677장

**3-1** ㉠은 4|0보다 50만큼 더 큰 수이므로 460입니
다.
㉡보다 |00만큼 더 작은 수가 349이므로 ㉡은
349보다 |00만큼 더 큰 수인 449입니다.
460>449이므로 ㉠이 더 큰 수입니다.

답 ㉠

**3-2** ㉠ 637
㉡ |00이　5개 → 500 ┐
　　|0이　8개 →　80 ┤➡ 591
　　|이 ||개 →　|| ┘
㉢ |00이　3개 → 300 ┐
　　|0이 22개 → 220 ┘➡ 520

637 > 591 > 520이므로 큰 수부터 차례대로 기호를 쓰면 ㉠, ㉡, ㉢입니다.

**답** ㉠, ㉡, ㉢

**4-1** 538에서 10씩 3번 뛰어 세면
538 - 548 - 558 - 568이므로 어떤 수는 568입니다. 568에서 1씩 5번 뛰어 세면
568 - 569 - 570 - 571 - 572 - 573입니다.

**답** 573

**4-2** 742에서 3번 뛰어 세어 745가 되었고 일의 자리 숫자가 3만큼 더 커졌으므로 1씩 뛰어 센 것입니다.

➡ 742 - $\boxed{743}$ - $\boxed{744}$ - 745 - $\boxed{746}$ - $\boxed{747}$

**답** 743, 744, 746, 747

**4-3** 625 - 635 - 645 - 655에서 십의 자리 숫자가 1씩 커지므로 10씩 뛰어 센 것입니다.

➡ 386 - 396 - 406 - 416 - 426 - 436 - $\boxed{446}$

**답** 446

**5-1** 9 > 4 > 2 > 0이므로 가장 큰 숫자 9를 백의 자리에, 두 번째로 큰 숫자 4를 십의 자리에, 세 번째로 큰 숫자 2를 일의 자리에 놓습니다. 따라서 가장 큰 세 자리 수는 942입니다.

**답** 942

✏ **원리쌤 특강**

가장 큰 세 자리 수를 만들려면 높은 자리에 큰 숫자부터 차례로 놓습니다.

**5-2** 0 < 3 < 5 < 8에서 0은 백의 자리에 올 수 없으므로 가장 작은 세 자리 수는 305, 두 번째로 작은 세 자리 수는 308입니다.

**답** 308

**6-1** 341 > 3☐8에서 백의 자리는 3으로 같고, 일의 자리는 1 < 8이므로 ☐ 안에 들어갈 수 있는 숫자는 4보다 작습니다.
따라서 ☐ 안에 들어갈 수 있는 숫자는 4보다 작으므로 0, 1, 2, 3입니다.

**답** 0, 1, 2, 3

**6-2** 23☐ < 236에서 ☐ 안에 들어갈 수 있는 숫자는 0, 1, 2, 3, 4, 5이고 ☐74 > 521에서 ☐ 안에 들어갈 수 있는 숫자는 5, 6, 7, 8, 9입니다.

따라서 ☐ 안에 공통으로 들어갈 수 있는 숫자는 5입니다.

**답** 5

**7-1** 423보다 크고 461보다 작은 수 중 백의 자리 숫자와 일의 자리 숫자가 같은 수는 424, 434, 444, 454입니다. 이 중에서 십의 자리 숫자와 일의 자리 숫자의 합이 9인 수는 454입니다.

**답** 454

**7-2** 백의 자리 숫자가 600을 나타내므로 백의 자리 숫자는 6입니다.
백의 자리 숫자가 6인 세 자리 수는 6☐☐이고, 각 자리의 숫자의 합이 15이므로
6 + (십의 자리 숫자) + (일의 자리 숫자) = 15,
(십의 자리 숫자) + (일의 자리 숫자)
= 15 - 6 = 9입니다.
일의 자리 숫자는 십의 자리 숫자보다 3 작은 수이므로 두 수의 합이 9가 되는 덧셈식 3 + 6 = 9에서 3이 일의 자리 숫자가 되고, 6이 십의 자리 숫자가 됩니다.
따라서 조건을 만족하는 세 자리 수는 663입니다.

**답** 663

| **STEP Ⓑ 종합응용력완성** | | **본문 019~023쪽** |
|---|---|---|
| **01** 39개 | **02** 715 | **03** 587, 430 |
| **04** 6개 | **05** 103동, 102동, 101동 | |
| **06** 19개 | **07** 76 | **08** 준서: 6번, 현우: 3번 |
| **09** 수연 | **10** 514 | **11** 834 |
| **12** ㉡, ㉣, ㉠, ㉢ | | **13** ㉠: 293, ㉡: 329 |
| **14** 4개 | **15** ㉠: 12, ㉡: 18 | |

**01** 사과 350개는 10개씩 35바구니이고 자두 400개는 100개씩 4바구니이므로 35 + 4 = 39(개)의 바구니가 필요합니다.

**답** 39개

**02** 418에서 1은 십의 자리 숫자이므로 10을 나타냅니다.

721에서 7은 백의 자리 숫자이므로 700을 나타냅니다.
135에서 5는 일의 자리 숫자이므로 5를 나타냅니다.

➡ 700＋10＋5＝715

🔟 715

**03** 5를 제외한 숫자의 크기를 비교하면
0＜3＜4＜7＜8입니다.
십의 자리에 가장 큰 수 8, 일의 자리에 두 번째로 큰 수 7을 놓으면 백의 자리 숫자가 5인 가장 큰 수는 587입니다.
3을 제외한 숫자의 크기를 비교하면
0＜4＜5＜7＜8입니다.
백의 자리에 0이 올 수 없으므로 0을 제외한 가장 작은 수 4를 놓고, 일의 자리에 0을 놓으면 십의 자리 숫자가 3인 가장 작은 수는 430입니다.

🔟 587, 430

**04** 예 ❶ 십의 자리 숫자가 7인 세 자리 수는 □7□입니다.
각 자리 숫자의 합이 20이므로
(백의 자리 숫자)＋(일의 자리 숫자)＝13입니다.
❷ 백의 자리에는 1부터 9까지의 숫자가 올 수 있으므로 합이 13인 두 수는 9와 4, 8과 5, 7과 6입니다.
따라서 구하는 수는 974, 875, 776, 677, 578, 479의 6개입니다.

🔟 6개

| 채점기준 | 배점 | |
| --- | --- | --- |
| ❶ 백의 자리와 일의 자리 숫자의 합 구하기 | 2점 | 5점 |
| ❷ 구하는 수의 개수 구하기 | 3점 | |

**05** ·101동:
100개씩   2상자 → 200개 ⎤
10개씩 14상자 → 140개 ⎦➡ 345개
낱개   5개   →   5개 ⎦
·102동:
100개씩   3상자 → 300개 ⎤
10개씩   8상자 →  80개 ⎦➡ 391개
낱개 11개   →  11개 ⎦
·103동:
100개씩   2상자 → 200개 ⎤
10개씩 21상자 → 210개 ⎦➡ 447개
낱개 37개   → 37개 ⎦

447＞391＞345이므로 빈 병을 많이 모은 동부터 차례로 쓰면 103동, 102동, 101동입니다.

🔟 103동, 102동, 101동

**06** 일의 자리 숫자가 3인 경우: 203, 213, 223, 233, 243, 253, 263, 273, 283, 293 ➡ 10개
십의 자리 숫자가 3인 경우: 230, 231, 232, 233, 234, 235, 236, 237, 238, 239 ➡ 10개
233은 두 번 세었으므로 모두 19개입니다.

🔟 19개

**07** 100이   2개 → 200 ⎤
10이 52개 → 520 ⎦➡ 760
1이 40개 →   40 ⎦
760은 10이 76개인 수이므로 ◆는 76입니다.

🔟 76

**08** 준서가 40씩 뛰어 센 수를 차례로 쓰면
470－510－550－590－630－670－710
이고
현우가 30씩 뛰어 센 수를 차례로 쓰면
620－650－680－710입니다.
따라서 준서가 6번, 현우가 3번 뛰어 세면 710으로 같은 수가 나옵니다.

🔟 준서: 6번, 현우: 3번

**09** ·주아: 500원짜리   1개 → 500원 ⎤
100원짜리   2개 → 200원 ⎦➡ 890원
10원짜리 19개 → 190원 ⎦
·수연: 100원짜리   6개 → 600원 ⎤
50원짜리   5개 → 250원 ⎦➡ 960원
10원짜리 11개 → 110원 ⎦

890＜960이므로 돈을 더 많이 가지고 있는 사람은 수연입니다.

🔟 수연

**10** 예 ❶ 100이   3개 → 300 ⎤
10이 17개 → 170 ⎦➡ 491
1이 21개 →  21 ⎦
❷ 491에서 10씩 2번 뛰어 센 수는
491－501－511에서 511이고
511에서 1씩 3번 뛰어 센 수는
511－512－513－514에서 514입니다.

🔟 514

| 채점기준 | 배점 | |
|---|---|---|
| ❶ 100이 3개, 10이 17개, 1이 21개인 수 구하기 | 3점 | 5점 |
| ❷ ❶의 수에서 10씩 2번 뛰어 센 후, 1씩 3번 뛰어 센 수 구하기 | 2점 | |

**11** 어떤 수보다 100만큼 더 큰 수가 854이므로 어떤 수는 854보다 100만큼 더 작은 수인 754입니다. 754에서 20씩 4번 뛰어 세면
754−774−794−814−834이므로 834입니다.

답 834

**12** 백의 자리 숫자가 가장 큰 수는 49□와 489입니다. 십의 자리 숫자를 비교하면 9>8이므로 49□가 489보다 큽니다.
35□와 31□는 백의 자리 숫자는 같고 십의 자리 숫자가 5>1이므로 35□가 31□보다 큽니다.
따라서 크기가 큰 수부터 차례로 쓰면 ㉡ 49□, ㉢ 489, ㉠ 35□, ㉣ 31□입니다.

답 ㉡, ㉢, ㉠, ㉣

**13** 십의 자리 숫자가 1씩, 일의 자리 숫자가 2씩 커지므로 12씩 뛰어 센 규칙입니다.
245, 257, 269, 281, ⟨293⟩, 305, ⟨317⟩, ⟨329⟩
따라서 ㉠=293, ㉡=329입니다.

답 ㉠: 293, ㉡: 329

**14** 수 모형을 사용하여 세 자리 수를 만들어야 하므로 백 모형은 반드시 사용하여야 합니다.

| 백 모형 | 2개 | 2개 | 1개 | 1개 |
|---|---|---|---|---|
| 십 모형 | 2개 | 1개 | 3개 | 2개 |
| 일 모형 | 0개 | 1개 | 0개 | 1개 |
| 세 자리 수 | 220 | 211 | 130 | 121 |

따라서 나타낼 수 있는 세 자리 수는 220, 211, 130, 121의 4개입니다.

답 4개

**15** • 3, 5, 5, 7로 만들 수 있는 세 자리 수는

백 십 일  백 십 일  백 십 일
3−5<5/7   5−3<5/7   7−3−5
   7−5      5<3/7      5<3/5
            7<3/5

• 0, 4, 6, 9로 만들 수 있는 세 자리 수는

백 십 일  백 십 일  백 십 일
4−0<6/9   6−0<4/9   9−0<4/6
   6<0/9      4<0/9      4<0/6
   9<0/6      9<0/4      6<0/4

따라서 ㉠=12, ㉡=18입니다.

답 ㉠: 12, ㉡: 18

---

**STEP Ⓐ 최상위실력완성**  본문 024~025쪽

| 01 지우개, 볼펜 | 02 4개 | 03 5번 |
|---|---|---|
| 04 22 | 05 754, 764 | |

**01** 〔A급비법〕 백의 자리 숫자가 클수록 큰 수이므로 백의 자리 숫자를 먼저 비교합니다.
백의 자리 숫자끼리 비교하면
39□, 3□2가 2□7, 20□보다 큽니다.
39□와 3□2는 □에 가장 큰 숫자 9가 들어가더라도 399>392이므로 39□>3□2입니다.
2□7과 20□는 □에 가장 작은 숫자 0이 들어가더라도 207>200이므로 2□7>20□입니다.
따라서 39□>3□2>2□7>20□이므로 가장 많이 판매한 문구는 지우개이고, 가장 적게 판매한 문구는 볼펜입니다.

답 지우개, 볼펜

**02** 〔A급비법〕 ㉠, ㉡, ㉢의 크기를 먼저 비교합니다.
예 ❶ ㉠이 ㉢보다 작고 ㉡이 ㉢보다 크므로 ㉠<㉢<㉡입니다.
❷ ㉠은 백의 자리 숫자이므로 0이 될 수 없고 가장 작은 수이므로 ㉠에 1부터 넣어봅니다.

- ㉠=1인 경우
  1=㉢-2에서 ㉢=3, ㉡=3+3=6 ➡ 163
- ㉠=2인 경우
  2=㉢-2에서 ㉢=4, ㉡=4+3=7 ➡ 274
- ㉠=3인 경우
  3=㉢-2에서 ㉢=5, ㉡=5+3=8 ➡ 385
- ㉠=4인 경우
  4=㉢-2에서 ㉢=6, ㉡=6+3=9 ➡ 496
- ㉠=5인 경우
  5=㉢-2에서 ㉢=7, ㉡=7+3=10이므로 세 자리 수가 될 수 없습니다.
- ㉠=6, 7, 8, 9인 경우 세 자리 수가 될 수 없습니다.

따라서 세 자리 수 ㉠㉡㉢이 될 수 있는 수는 163, 274, 385, 496의 4개입니다.

답 4개

| 채점기준 | 배점 | |
|---|---|---|
| ❶ ㉠, ㉡, ㉢의 크기를 비교합니다. | 1점 | 5점 |
| ❷ ㉠에 수를 넣어 조건에 만족하는 수 구하기 | 4점 | |

**03** A급비법 표를 그린 후 큰 점수를 가장 많이 맞힌 경우부터 찾고 큰 점수를 작은 점수로 바꾸어 나갑니다.

표를 그린 후 큰 점수를 가장 많이 맞힌 경우부터 차례로 구합니다.

| 100점 | 50점 | 10점 | 화살의 수(번) |
|---|---|---|---|
| 4 | 1 | 3 | 8 |
| 3 | 3 | 3 | 9 |
| 2 | 5 | 3 | 10 |
| 1 | 7 | 3 | 11 |

따라서 50점짜리를 5번 맞혔습니다.

답 5번

**04** A급비법 백의 자리에 0이 올 수 없으므로 백의 자리에 1부터 수를 넣어 구해 봅니다.

십의 자리 숫자가 백의 자리 숫자보다 5 큰 수는 16□, 27□, 38□, 49□인 경우가 있습니다.
각 경우에 십의 자리 숫자와 같지 않으면서 백의 자리 숫자보다 큰 일의 자리 숫자를 구합니다.
- 16□인 경우
  (일의 자리 숫자)=2, 3, 4, 5, 7, 8, 9 ➡ 7개
- 27□인 경우
  (일의 자리 숫자)=3, 4, 5, 6, 8, 9 ➡ 6개
- 38□인 경우
  (일의 자리 숫자)=4, 5, 6, 7, 9 ➡ 5개

- 49□인 경우
  (일의 자리 숫자)=5, 6, 7, 8 ➡ 4개
따라서 조건을 만족하는 수는
7+6+5+4=22(개)이므로 비밀번호는 22입니다.

답 22

**05** A급비법 뒤집힌 카드에 적힌 수 ■를 0<■<4, 4<■<7, 7<■<10인 경우로 나누어 구합니다.

뒤집힌 카드에 적힌 수 ■를 0<■<4, 4<■<7, 7<■<10인 경우로 나누어 작은 수부터 차례로 만듭니다.
- 0<■<4인 경우 ➡ ■47, ■74, 4■7……
- 4<■<7인 경우 ➡ 4■7, 47■, ■47……
- 7<■<10인 경우 ➡ 47■, 4■7, 74■……
세 자리 수 중 두 번째로 작은 수가 47■인 경우는 4<■<7일 때이므로 ■=5, 6입니다.
따라서 수 카드는 4, 5, 7 또는 4, 6, 7이므로 만들 수 있는 가장 큰 수는 754, 764입니다.

답 754, 764

누군가 할 일이면 내가 하고
언젠가 할 일이면 지금 하고
어차피 할 일이면 최선을 다하자!
( 미루면 힘들어진다. 당장 숙제부터 하자. )

# 2. 여러 가지 도형

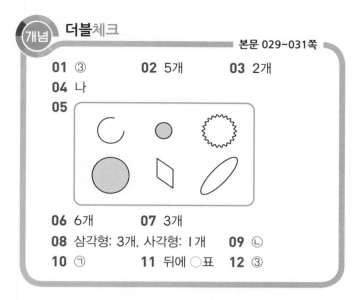
**01** 변이 3개, 꼭짓점이 3개인 도형을 찾습니다.

답 ③

**02**

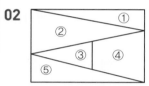

삼각형은 ①, ②, ③, ③+④, ⑤로 모두 5개입니다.

답 5개

**03** 삼각형은 2개, 사각형은 4개이므로 사각형은 삼각형보다 4−2＝2(개) 더 많습니다.

답 2개

**04** 색종이를 선을 따라 자르면 가는 사각형이 6개, 나는 사각형이 5개 생깁니다.

답 나

**05** 어느 쪽에서 보아도 똑같이 동그란 모양을 찾습니다. 곧은 선이 있거나 동그란 모양이 있더라도 끊어진 모양은 원이 아닙니다.

답

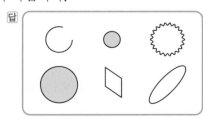

**06**

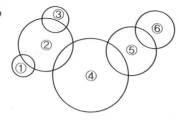

①, ②, ③, ④, ⑤, ⑥ ➡ 6개

답 6개

**07**

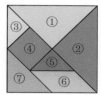

삼각형 조각: ①, ②, ③, ⑤, ⑦ ➡ 5개
사각형 조각: ④, ⑥ ➡ 2개
따라서 삼각형은 사각형보다 5−2＝3(개) 더 많습니다.

답 3개

**08**

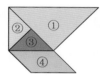

삼각형 조각: ①, ②, ③ ➡ 3개
사각형 조각: ④ ➡ 1개

답 삼각형: 3개, 사각형: 1개

**09** 똑같이 쌓기 위해서는 파란색 쌓기나무의 위에 쌓기나무 1개를 놓아야 합니다.

답 ㉡

**10** ㉠ 1층: 3개, 2층: 1개
㉡ 1층: 4개

답 ㉠

**11**

① 쌓기나무 2개가 옆으로 나란히 있습니다.
② 오른쪽 쌓기나무의 뒤에 쌓기나무가 3개 있습니다.

답 뒤에 ○표

**12** 각 모양에 사용된 쌓기나무의 수를 구합니다.
① 5개 ② 5개 ③ 6개 ④ 5개 ⑤ 7개

답 ③

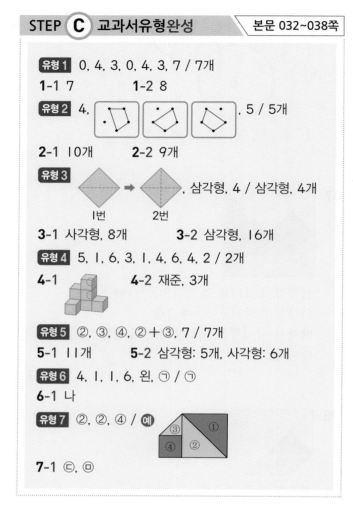

**유형1** 0, 4, 3, 0, 4, 3, 7 / 7개

**1-1** 7                    **1-2** 8

**유형2** 4, [도형], 5 / 5개

**2-1** 10개              **2-2** 9개

**유형3** [도형] 1번 2번, 삼각형, 4 / 삼각형, 4개

**3-1** 사각형, 8개      **3-2** 삼각형, 16개

**유형4** 5, 1, 6, 3, 1, 4, 6, 4, 2 / 2개

**4-1** [쌓기나무]      **4-2** 재준, 3개

**유형5** ②, ③, ④, ②+③, 7 / 7개

**5-1** 11개              **5-2** 삼각형: 5개, 사각형: 6개

**유형6** 4, 1, 1, 6, 원, ㉠ / ㉠

**6-1** 나

**유형7** ②, ②, ④ / [예]

**7-1** ㉢, ㉺

---

**1-1** 삼각형의 변은 3개이므로 ㉠=3
삼각형의 변은 4개이므로 ㉡=4
원의 꼭짓점은 0개이므로 ㉢=0
➡ ㉠+㉡-㉢=3+4-0=7

**답** 7

**1-2** 도형의 변(또는 꼭짓점)의 수는
삼각형: 3개, 사각형: 4개, 원: 0개이므로 짝지어진 두 도형의 변(또는 꼭짓점)의 수의 합을 구하는 규칙입니다.
➡ 사각형과 사각형의 변(또는 꼭짓점) 수의 합:
4+4=8

**답** 8

**2-1**

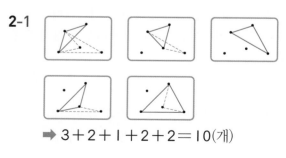

➡ 3+2+1+2+2=10(개)

**답** 10개

---

**2-2**

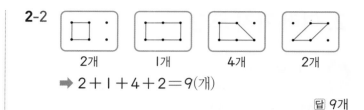

2개   1개   4개   2개

➡ 2+1+4+2=9(개)

**답** 9개

**3-1**

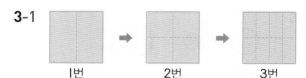

1번         2번         3번

따라서 접힌 선을 따라 자르면 사각형이 8개 만들어집니다.

**답** 사각형, 8개

**3-2**

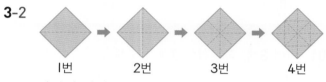

1번      2번      3번      4번

따라서 접힌 선을 따라 자르면 삼각형이 16개 만들어집니다.

**답** 삼각형, 16개

**4-1** 두 모양을 비교하면 왼쪽 모양에서 3층의 쌓기나무 1개, 2층의 쌓기나무 1개를 빼야 합니다.

**답**

**4-2** 왼쪽 모양은 8개, 재준이는 5개, 시우는 6개입니다.
따라서 쌓기나무가 더 많이 필요한 사람은 재준이고 8-5=3(개) 필요합니다.

**답** 재준, 3개

**5-1**

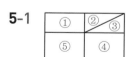

도형 1개짜리: ①, ④, ⑤의 3개
도형 2개짜리: ①+②, ①+⑤, ②+③, ③+④, ④+⑤의 5개
도형 3개짜리: ①+②+③, ②+③+④의 2개
도형 5개짜리: ①+②+③+④+⑤의 1개
따라서 찾을 수 있는 크고 작은 사각형은 모두 3+5+2+1=11(개)입니다.

**답** 11개

**5-2**

삼각형: ①, ②, ③, ④, ①+②+③+④ ➡ 5개
사각형: ①+③, ②+③, ③+④, ①+③+②,
　　　　①+③+④, ②+③+④ ➡ 6개

답 삼각형: 5개, 사각형: 6개

**6-1** 가: 1층에 5개, 2층에 1개 ➡ 6개
　　　나: 1층에 4개, 2층에 1개, 3층에 1개 ➡ 6개
　　　다: 1층에 5개, 2층에 1개, 3층에 1개 ➡ 7개
　　　쌓기나무 6개로 쌓은 모양은 가, 나입니다.
　　　이 중에서 3층으로 쌓은 모양은 나입니다.

답 나

**7-1**

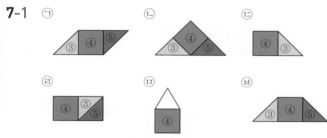

따라서 세 조각을 모두 이용하여 만들 수 없는 도형은 ㉢, ㉤입니다.

답 ㉢, ㉤

## STEP B 종합응용력완성　　본문 039~044쪽

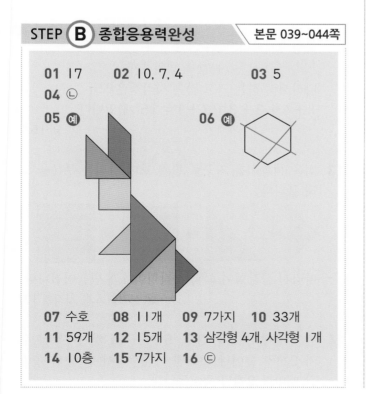

**01** 17　　**02** 10, 7, 4　　**03** 5
**04** ㉡
**05** 예　　　　**06** 예
**07** 수호　**08** 11개　**09** 7가지　**10** 33개
**11** 59개　**12** 15개　**13** 삼각형 4개, 사각형 1개
**14** 10층　**15** 7가지　**16** ㉢

---

**01** 사각형은 변이 4개, 꼭짓점이 4개인 도형이므로 사각형에 적힌 수는 3, 5, 9입니다.
➡ 3+5+9=17

답 17

**02** 삼각형: ×, 사각형: ★, 원: ✓로 표시합니다.

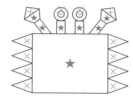

답 10, 7, 4

**03** ㉠=3+3+3=9, ㉡=0, ㉢=4이므로
㉠−㉡−㉢=9−0−4=5입니다.

답 5

**04** ㉠ 쌓기나무 한 개를 옮겨 만들 수 있습니다.

㉡ 쌓기나무 두 개를 옮겨 만들 수 있습니다.

㉢ 쌓기나무 한 개를 옮겨 만들 수 있습니다.

따라서 쌓기나무 한 개를 옮겨 만들 수 없는 모양은 ㉡입니다.

답 ㉡

**05**

답 예

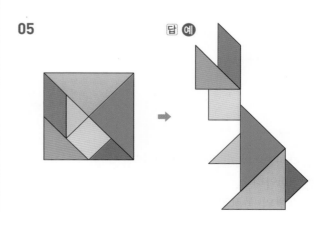

**06** 예

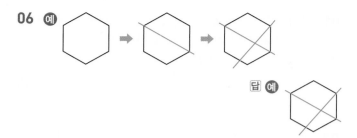

답 예

**07** 예 ❶ 준희: (사용한 쌓기나무의 수)＝7개
(남은 쌓기나무의 수)＝13－7＝6(개)
❷ 수호: (사용한 쌓기나무의 수)＝6개
(남은 쌓기나무의 수)＝13－6＝7(개)
❸ 7＞6이므로 남은 쌓기나무가 더 많은 사람은
수호입니다.

답 수호

| 채점기준 | 배점 | |
|---|---|---|
| ❶ 준희가 쌓고 남은 쌓기나무의 수 구하기 | 2점 | |
| ❷ 수호가 쌓고 남은 쌓기나무의 수 구하기 | 2점 | 5점 |
| ❸ 남은 쌓기나무가 더 많은 사람 구하기 | 1점 | |

**08** 가 그림 ➡ 삼각형: 5개, 사각형: 2개, 원: 4개
나 그림 ➡ 삼각형: 4개, 사각형: 6개, 원: 5개
따라서 가 그림에서 가장 많이 사용한 도형은 삼각
형으로 5개이고 나 그림에서 가장 많이 사용한 도
형은 사각형으로 6개입니다.
➡ 5＋6＝11(개)

답 11개

**09**

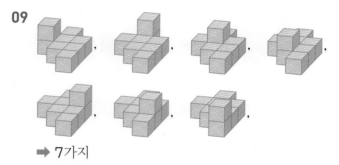

➡ 7가지

답 7가지

**10**

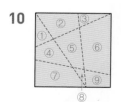

삼각형은 ①, ③, ⑧이고, 사각형은 ②, ④, ⑤, ⑥,
⑦, ⑨입니다.
삼각형의 꼭짓점의 수의 합: 3＋3＋3＝9(개)

사각형의 변의 수의 합:
4＋4＋4＋4＋4＋4＝24(개)
➡ 9＋24＝33(개)

답 33개

**11** 가: 1층에 7개, 2층에 1개 ➡ 8개
나: 1층에 6개, 2층에 2개, 3층에 1개 ➡ 9개
따라서 가 모양 4개, 나 모양 3개를 만들려면 쌓기
나무는 모두
(8＋8＋8＋8)＋(9＋9＋9)
＝32＋27＝59(개) 필요합니다.

답 59개

**12**

| | | ① | | |
|---|---|---|---|---|
| | ② | ③ | ④ | |
| ⑤ | ⑥ | ⑦ | ⑧ | |
| ⑨ | ⑩ | ⑪ | ⑫ | |

도형 1개짜리: ③의 1개
도형 2개짜리: ①＋③, ②＋③, ③＋④, ③＋⑥
　　　　　　　의 4개
도형 3개짜리: ①＋③＋⑥, ②＋③＋④,
　　　　　　　③＋⑥＋⑩의 3개
도형 4개짜리: ①＋③＋⑥＋⑩,
　　　　　　　②＋③＋⑤＋⑥,
　　　　　　　③＋④＋⑥＋⑦의 3개
도형 6개짜리: ②＋③＋④＋⑤＋⑥＋⑦,
　　　　　　　②＋③＋⑤＋⑥＋⑨＋⑩,
　　　　　　　③＋④＋⑥＋⑦＋⑩＋⑪의 3개
도형 9개짜리: ②＋③＋④＋⑤＋⑥＋⑦＋⑨
　　　　　　　＋⑩＋⑪의 1개
따라서 구하는 크고 작은 사각형은 모두
1＋4＋3＋3＋3＋1＝15(개)입니다.

답 15개

**13** 접은 색종이를 거꾸로 펼쳐 보며 잘리는 부분을 그
려 봅니다.

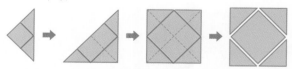

따라서 삼각형이 4개, 사각형이 1개 만들어집니다.
답 삼각형 4개, 사각형 1개

**14** 맨 위층부터 1개, 3개, 5개……로 쌓기나무의 수
가 2개씩 늘어나므로 맨 아래층에서 한 층씩 올라
갈 때마다 2개씩 줄어듭니다.

1층에 19개, 2층에 17개, 3층에 15개, 4층에 13개, 5층에 11개, 6층에 9개, 7층에 7개, 8층에 5개, 9층에 3개, 10층에 1개이므로 10층까지 쌓은 것입니다.

답 10층

**15** 사각형 1개와 삼각형 3개를 변끼리 이어 붙여 봅니다.

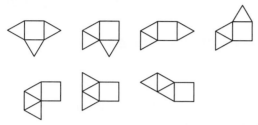

따라서 만들 수 있는 도형은 모두 7가지입니다.

답 7가지

**16** 먼저 쌓은 모양과 나중에 쌓은 모양의 앞, 뒤 관계를 살펴 찾아봅니다.

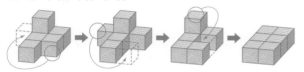

따라서 □ 안에 알맞은 모양은 ⓒ입니다.

답 ⓒ

---

**STEP Ⓐ 최상위실력완성**　　본문 045쪽

| **01** 5개, 2개, 2개 | **02** 14개 | **03** 7개 |

**01** Ⓐ풀이법 각 블록을 떼었을 때의 모양을 생각합니다.

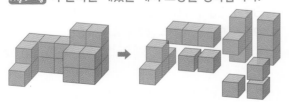

따라서 파란색 블록은 5개, 초록색 블록은 2개, 빨간색 블록은 2개 사용했습니다.

답 5개, 2개, 2개

---

**02** Ⓐ풀이법 도형 1개, 2개, 3개……로 이루어진 사각형을 각각 구합니다.

도형 1개짜리: ②, ⑤, ⑥의 3개
도형 2개짜리: ①＋③, ③＋⑧, ⑤＋⑥, ⑥＋⑦의 4개
도형 3개짜리: ①＋③＋⑤, ⑤＋⑥＋⑦, ⑥＋⑦＋⑧의 3개
도형 4개짜리: ①＋②＋③＋⑧의 1개
도형 5개짜리: ①＋②＋③＋④＋⑤의 1개
도형 6개짜리: ①＋③＋⑤＋⑥＋⑦＋⑧의 1개
도형 8개짜리: ①＋②＋③＋④＋⑤＋⑥＋⑦＋⑧의 1개
따라서 크고 작은 사각형은 모두
$3＋4＋3＋1＋1＋1＋1＝14$(개)입니다.

답 14개

**03** Ⓐ풀이법 모양과 크기가 같은 삼각형은 하나 임에 주의합니다.

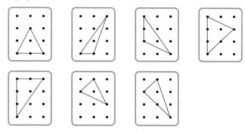

도형 안에 점이 1개 있는 삼각형은 7개입니다.

답 7개

꿈이란 꿈꾸는 사람을 행복하게 만듭니다.
( 얼른 푹 자고 좋은 꿈 꿔야지~쿨쿨 )

# 3. 덧셈과 뺄셈

본문 049~053쪽

 **더블**체크

**01** 10  　　**02** 65  　　**03**

**04** (위에서부터) 3, 7
**05** (1) > (2) >
**06** 56＋4＋24, 60＋24, 84
**07** (위에서부터) 25, 48  　　**08** 76
**09**

$$\begin{array}{r} {\scriptstyle 5} \\ \cancel{6}\,0 \\ -\,3\,8 \\ \hline 2\,2 \end{array}$$

**10** 민서, 13개

**11** ㉡  　　**12** 50－18＋4, 32＋4, 36
**13** (1) 80 (2) 85  　　**14** 47개
**15** 24, 42, 18  　　**16** 35, 35, 62
**17** 38  　　**18** 23, 23

---

**01** 일의 자리 수끼리의 계산 7＋8＝15에서 10을 십의 자리로 받아올림하여 십의 자리 위에 작게 1 로 나타낸 것입니다.
따라서 □ 안의 1이 실제로 나타내는 수는 10입니다.

🄳 10

**02** 56＞35＞28＞14＞9이므로 가장 큰 수는 56 이고, 가장 작은 수는 9입니다.
➡ 56＋9＝65

🄳 65

**03** 33＋18＝51
65＋17＝82
57＋24＝81

🄳

**04** 
$$\begin{array}{r} 4\;9 \\ +\;2\;\boxed{㉠} \\ \hline \boxed{㉡}\;2 \end{array}$$

9＋㉠＝12이므로 ㉠＝12－9＝3
일의 자리에서 받아올림했으므로
1＋4＋2＝㉡이므로 ㉡＝7

🄳 (위에서부터) 3, 7

**05** (1) 74＋63＝137 ⟩ 129
(2) 87＋29＝116 ⟩ 115

🄳 (1) > (2) >

**06** |보기|는 15를 2와 13으로 가르고 덧셈을 한 것입니다. |보기|와 같이 28을 4와 24로 가르고 덧셈을 합니다.

🄳 56＋4＋24, 60＋24, 84

**07** 32－7＝25, 55－7＝48

🄳 (위에서부터) 25, 48

**08** 83＞7이므로 83에서 7을 뺍니다.
➡ 83－7＝76

🄳 76

**09** 십의 자리에서 일의 자리로 받아내림한 것을 빼지 않고 십의 자리 계산을 하였습니다.

🄳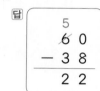

**10** 32＞19이므로 민서가 32－19＝13(개) 더 많이 캤습니다.

🄳 민서, 13개

**11** ㉠ 80－58＝22  　　㉡ 61－29＝32
따라서 계산 결과가 32인 것은 ㉡입니다.

🄳 ㉡

**12** |보기|는 72를 70과 2로 가른 후 70에서 45를 뺀 후 2를 더한 것입니다. |보기|와 같이 54를 50과 4로 가른 후 50에서 18을 뺀 후 4를 더합니다.

🄳 50－18＋4, 32＋4, 36

**13** (1) 39＋25＋16＝64＋16＝80
(2) 94－57＋48＝37＋48＝85

🄳 (1) 80 (2) 85

**14** (남은 도토리의 수)＝25＋39－17
＝64－17
＝47(개)

🄳 47개

**15**
$$24 + 18 = 42$$
$$42 - 24 = 18$$

$$24 + 18 = 42$$
$$42 - 18 = 24$$

답 24, 42, 18

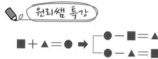 원리쌤 특강

$$■ + ▲ = ● \Rightarrow \begin{cases} ● - ■ = ▲ \\ ● - ▲ = ■ \end{cases}$$

**16**
$$62 - 35 = 27$$
$$27 + 35 = 62$$

$$62 - 35 = 27$$
$$35 + 27 = 62$$

답 35, 35, 62

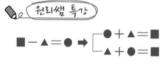 원리쌤 특강

$$■ - ▲ = ● \Rightarrow \begin{cases} ● + ▲ = ■ \\ ▲ + ● = ■ \end{cases}$$

**17** $26 + \square = 64 \Rightarrow 64 - 26 = \square$, $\square = 38$

답 38

**18** 32에서 □를 빼어 9가 되었으므로 뺄셈식으로 나타내면 $32 - \square = 9$이고 $32 - 9 = \square$이므로 $\square = 23$입니다.

답 23, 23

 휴카페

기회는 또 있어. 다시 힘을 내봐.
( 꽝! 다음 기회에.. 너무해ㅜㅜ )

---

**유형1** 11, 7, 3, 4 / ㉠: 4, ㉡: 7
**1-1** ㉠: 8, ㉡: 6　　　　**1-2** ㉠: 8, ㉡: 7, ㉢: 1
**유형2** 27, 27, 8, 9, 8 / 8
**2-1** 20　　　　**2-2** 56, 57, 58
**유형3** 9, 3, 97, 13, 97, 13, 110 / 110
**3-1** 24　　　　**3-2** 112
**유형4** 55, 55, 83, 83, 111 / 111
**4-1** 2　　　　**4-2** 67　　　　**4-3** 72
**유형5** 56, 56, 56, 29, 29 / 29
**5-1** 46　　　　**5-2** 49
**유형6** 17, 16, 17, 81, 16, 71, 26, 17 / 38, 26, 17
**6-1** 29, 34
**6-2**

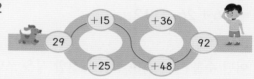

**유형7** 7, 5, 예 95, 73, 168 / 95 + 73 = 168
(또는 73 + 95 = 168 또는 93 + 75 = 168 또는 75 + 93 = 168)
**7-1** 16 + 48 = 64 (또는 18 + 46 = 64 또는 46 + 18 = 64 또는 48 + 16 = 64)
**7-2** 98 - 25 = 73

**1-1** 십의 자리에서 받아내림했으므로
$10 + 2 - ㉡ = 6$, $12 - ㉡ = 6$, $㉡ = 6$입니다.
$㉠ - 4 - 1 = 3$, $㉠ - 5 = 3$, $㉠ = 8$입니다.

답 ㉠: 8, ㉡: 6

**1-2** $5 + ㉡ = 12$이므로 $㉡ = 7$입니다.
일의 자리에서 십의 자리로 받아올림했으므로
$1 + ㉠ + 3 = 12$, $㉠ = 8$, $㉢ = 1$입니다.

답 ㉠: 8, ㉡: 7, ㉢: 1

**2-1** $42 + 21 = 63$이므로 $42 + \square < 63$에서 □는 21보다 작아야 합니다.
따라서 □ 안에 들어갈 수 있는 수는 20, 19, 18……이고 이 중 가장 큰 수는 20입니다.

답 20

**2-2** $15 + 40 = 55$이고 $83 - 24 = 59$이므로 $55 < \square < 59$에서 □ 안에 들어갈 수 있는 수는 55보다 크고 59보다 작은 수입니다.

따라서 56, 57, 58입니다.

답 56, 57, 58

**3-1** 십의 자리 수가 5인 가장 작은 수는 십의 자리에 5를 넣고, 일의 자리에 가장 작은 수 1을 넣으면 되므로 51입니다.
십의 자리 수가 2인 가장 큰 수는 십의 자리에 2를 넣고, 일의 자리에 가장 큰 수 7을 넣으면 되므로 27입니다.
따라서 그 차는 51-27=24입니다.

답 24

**3-2** 8>6>5>3>2이므로 만들 수 있는 가장 큰 수는 86입니다.
만들 수 있는 가장 작은 수는 23, 두 번째로 작은 수는 25, 세 번째로 작은 수는 26입니다.
➡ 86+26=112

답 112

**4-1** 어떤 수를 □라 하여 잘못 계산한 식을 쓰면
□+47=96입니다.
96-47=□, □=49
따라서 바르게 계산하면 49-47=2입니다.

답 2

**4-2** 어떤 수를 □라 하여 잘못 계산한 식을 쓰면
76+□=85입니다.
85-76=□, □=9
따라서 바르게 계산하면 76-9=67입니다.

답 67

**4-3** 어떤 수를 □라 하여 잘못 계산한 식을 쓰면
45-□=18입니다.
45-18=□, □=27
따라서 바르게 계산하면 45+27=72입니다.

답 72

**5-1** 달 카드에 적힌 두 수의 합은 67+24=91입니다.
별 카드에 적힌 두 수의 합이 91이므로 모르는 수를 □라 하여 덧셈식을 만들면
45+□=91, 91-45=□, □=46
따라서 뒤집어진 별 카드에 적힌 수는 46입니다.

답 46

**5-2** (어제 팔린 소금빵의 수)=21+47=68(개)
덧셈식을 만들면 19+㉠=68, 68-19=㉠,
㉠=49

답 49

**6-1** 43+□-□=38에서

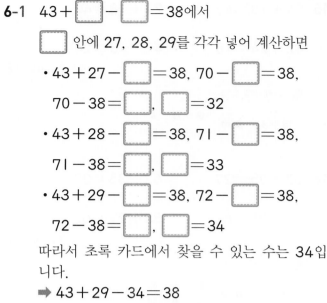

□ 안에 27, 28, 29를 각각 넣어 계산하면
• 43+27-□=38, 70-□=38,
70-38=□, □=32
• 43+28-□=38, 71-□=38,
71-38=□, □=33
• 43+29-□=38, 72-□=38,
72-38=□, □=34
따라서 초록 카드에서 찾을 수 있는 수는 34입니다.
➡ 43+29-34=38

주의 세 수의 계산은 앞에서부터 차례로 계산해야 하므로 29와 34의 순서를 바꾸면 틀립니다.
43+29-34=72-34=38 ( ○ )
43+34-29=77-29=48 ( × )

답 29, 34

**6-2** 일의 자리 수끼리 더한 수가 ■2가 되도록 세 수를 고르면 (29, 15, 48), (29, 25, 48)입니다.
29+15+48=44+48=92,
29+25+48=54+48=102이므로 합이 92인 세 수는 29, 15, 48입니다.

답
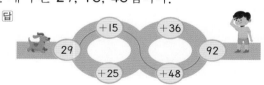

**7-1** 합이 가장 작은 두 자리 수의 덧셈식을 만들어야 하므로 두 자리 수의 십의 자리에는 가장 작은 수와 두 번째로 작은 수인 1과 4가 들어가고 일의 자리에는 나머지 수인 6과 8이 들어가야 합니다.
➡ 16+48=64, 18+46=64
46+18=64, 48+16=64

답 16+48=64 (또는 18+46=64 또는 46+18=64 또는 48+16=64)

**7-2** 차가 가장 큰 두 자리 수의 뺄셈식은
(가장 큰 두 자리 수)-(가장 작은 두 자리 수)입니다.
➡ 98-25=73

답 98-25=73

**01** 진호: 20, 94, 93, 현수: 10, 80, 93
**02** 16  **03** 64대  **04** 132
**05** 덧셈식: 38＋55＝93, 55＋38＝93
　　　빼셈식: 93－38＝55, 93－55＝38
**06** 97개  **07** 36  **08** 25장  **09** 17명
**10** 50장  **11** 11개  **12** 17개  **13** 25
**14** 56  **15** 9

---

**01** 진호: 74＋19＝74＋20－1
　　　　　　＝94－1＝93
　　　현수: 74＋19＝70＋10＋4＋9
　　　　　　＝80＋13＝93
　　　　　　📝 진호: 20, 94, 93, 현수: 10, 80, 93

**02** 74－27＝47이므로 ■＝47,
　　63－■＝63－47＝16
　　➡ ㉮＝16
　　　　　　　　　　　　　　📝 16

　[다른풀이] 63＋27＝90이므로 90－㉮＝74,
　90－74＝㉮에서 ㉮＝16

**03** (주차장에 있는 자동차 수)
　　＝(주차장에 있었던 자동차 수)
　　　－(빠져나간 자동차 수)
　　　＋(새로 들어온 자동차 수)
　　＝42－16＋38＝26＋38＝64(대)
　　　　　　　　　　　　　　📝 64대

**04** 일의 자리 수가 4인 가장 작은 수는 일의 자리에 4
　　를 넣고, 십의 자리에 가장 작은 수 3을 넣으면 34
　　입니다.
　　가장 큰 수는 십의 자리에 가장 큰 수 9를 넣고, 일
　　의 자리에 두 번째로 큰 수 8을 넣으면 98입니다.
　　따라서 그 합은 34＋98＝132입니다.
　　　　　　　　　　　　　　📝 132

**05** 38＜45＜55＜93에서 합이 93인 두 수를 찾으
　　면 38과 55이므로 덧셈식을 만들면
　　38＋55＝93, 55＋38＝93입니다.
　　➡ 93－38＝55, 93－55＝38
　　　　　　📝 덧셈식: 38＋55＝93, 55＋38＝93
　　　　　　　　빼셈식: 93－38＝55, 93－55＝38

**06** 개수의 차가 21개이려면 일의 자리 수의 차가 1인
　　두 과일을 찾아야 합니다.
　　사과와 수박: 59－38＝21
　　자두와 참외: 64－53＝11
　　따라서 두 과일은 사과와 수박이고, 개수의 합은
　　59＋38＝97(개)입니다.
　　　　　　　　　　　　　　📝 97개

**07** [예] ❶ 어떤 수를 □라 하고 잘못 계산한 식을 써 보면
　　□＋31－27＝44입니다.
　　❷ □＋4＝44, 44－4＝□, □＝40
　　❸ 따라서 바르게 계산하면
　　40＋27－31＝67－31＝36입니다.
　　　　　　　　　　　　　　📝 36

| 채점기준 | 배점 | |
|---|---|---|
| ❶ 잘못 계산한 식 써 보기 | 1점 | |
| ❷ 어떤 수 구하기 | 2점 | 5점 |
| ❸ 바르게 계산한 값 구하기 | 2점 | |

**08** (하준이가 가진 색종이 수)＋3＝30이므로
　　(하준이가 가진 색종이 수)＝30－3＝27(장)입
　　니다.
　　(수민이가 가진 색종이 수)
　　＝(하준이가 가진 색종이 수)＋5
　　＝27＋5＝32(장)
　　(은영이가 가진 색종이 수)
　　＝(수민이가 가진 색종이 수)－7
　　＝32－7＝25(장)
　　　　　　　　　　　　　　📝 25장

**09** 전시회에 입장한 남자의 수를 □명이라 하면 여자
　　의 수는 (□＋7)명입니다.
　　입장한 사람의 수가 41명이므로
　　□＋□＋7＝41, 41－7＝□＋□,
　　34＝□＋□이고 17＋17＝34에서 □＝17입
　　니다.
　　따라서 전시회에 입장한 남자는 17명입니다.
　　　　　　　　　　　　　　📝 17명

**10** 서진이가 어제 가지고 있던 스티커
　　를 ㉠0장, 오늘 가지고 있는 스티
　　커를 3㉡장이라 하여 세로셈으로
　　나타내면 오른쪽과 같습니다.

$$\begin{array}{r} ㉠\,0 \\ -\ 3\,㉡ \\ \hline 1\,1 \end{array}$$

　　십의 자리에서 받아내림이 있으므로 10－㉡＝1,
　　㉡＝9이고 ㉠－1－3＝1, ㉠＝5입니다.

따라서 서진이가 어제 가지고 있던 스티커는 50장
이었습니다.

答 50장

**11** 예 ❶ 93−42=51이므로 93−□>42에서 □
는 51보다 작아야 합니다.
❷ 72−38=34이므로 38+□>72에서 □는
34보다 커야 합니다.
❸ 93−47=46이므로 47+□<93에서 □는
46보다 작아야 합니다.
❹ 따라서 □는 34보다 크고 46보다 작아야 하므
로 □ 안에 공통으로 들어갈 수 있는 수는 35, 36,
37……44, 45의 11개입니다.

答 11개

| 채점기준 | | 배점 |
|---|---|---|
| ❶ 93−□>42의 □에 알맞은 수 구하기 | 1점 | |
| ❷ 38+□>72의 □에 알맞은 수 구하기 | 1점 | 5점 |
| ❸ 47+□<39의 □에 알맞은 수 구하기 | 1점 | |
| ❹ □ 안에 공통으로 들어갈 수 있는 수의 개수 구하기 | 2점 | |

**12** (예솔이와 하윤이가 가지고 있는 구슬의 수)
=83+49=132(개)
66+66=132이므로 66개씩 가지고 있을 때 구
슬의 수가 같게 되므로 예솔이는 하윤이에게
83−66=17(개)의 구슬을 주어야 합니다.

答 17개

**다른풀이** 예솔이는 하윤이보다 83−49=34(개)의
구슬을 더 가지고 있습니다. 34=17+17에서
예솔이가 17개의 구슬을 하윤이에게 주면 두 사람
이 가진 구슬의 수가 같아집니다.

**13** ㉠, ㉡, ㉢, ㉣은 0이 아니므로 ㉡+㉣=11입니다.
1+㉠+㉢=15이므로 ㉠+㉢=14입니다.
따라서 ㉠+㉡+㉢+㉣=11+14=25입니다.

答 25

**14** 49−35=14, 63−49=14이므로 14씩 커지
는 규칙입니다.
7+14=21이므로 ●=21
63+14=77이므로 ▲=77
따라서 두 수의 차는 77−21=56입니다.

答 56

**15** 일의 자리 수의 합이 2인 경우 중 합이 22가 되는
수를 찾습니다.

0+3+9=12 ( × )   1+2+9=12 ( × )
0+4+8=12 ( × )   0+5+7=12 ( × )
1+3+8=12 ( × )   1+4+7=12 ( × )
1+5+6=12 ( × )   2+3+7=12 ( × )
2+4+6=12 ( × )   3+4+5=12 ( × )
5+8+9=22 ( ○ )   6+7+9=22 ( ○ )
세 수의 합이 22가 되는 경우는 5, 8, 9이거나 6,
7, 9이므로 반드시 있어야 하는 수는 9입니다.

答 9

---

## STEP Ⓐ 최상위실력완성    본문 066~067쪽

| **01** 39 | **02** 79 | **03** 58 | **04** 15 |
|---|---|---|---|

**01** A급비법 수가 쓰인 줄의 덧셈식을 만들어 봅니다.
세로 첫째 줄에서 ♥+♥+♣+♣=20이므로
♥+♣=10입니다.
가로 셋째 줄에서 ♣+◆+◆+♥=34이므로
10+◆+◆=34
◆+◆=34−10=24, ◆=12입니다.
세로 셋째 줄에서 ♣+♥+◆+♣=31이므로
10+12+♣=31, 22+♣=31,
31−22=♣, ♣=9
➡ ♣+◆+♣+♣=9+12+9+9
=21+9+9
=30+9
=39

答 39

**02** A급비법 한 개의 사각형 안에 적힌 수의 합은 모두 같으므로
겹쳐진 부분을 제외한 부분의 합이 같음을 이용합니다.
첫 번째와 두 번째 사각형에서
45=24+㉡, 45−24=㉡, ㉡=21
세 번째와 네 번째 사각형에서
21+31=19+㉣, 52=19+㉣,
52−19=㉣, ㉣=33
사각형 안에 적힌 수의 합은 33+28=61로 모
두 같아야 합니다.
첫 번째 사각형에서
45+㉠=61, 61−45=㉠, ㉠=16

네 번째와 다섯 번째 사각형에서
ⓒ+19=28, 28-19=ⓒ, ⓒ=9
따라서 ㉠=16, ㉡=21, ㉢=9, ㉣=33이므로
㉠+㉡+㉢+㉣=16+21+9+33=79입
니다.

답 79

03 A급비법 0<1<3<4<6이므로 만들 수 있는 두 자리
수 중 가장 큰 수는 64, 가장 작은 수는 10입니다.

• 계산 결과가 가장 클 때
(두 자리 수)-(두 자리 수)의 계산 결과가 가장
크려면 빼어지는 수는 크게, 빼는 수는 작게 만
들어야 합니다.
$$\begin{array}{r} 6\ 4 \\ -\ 1\ 0 \\ \hline 5\ 4 \end{array}$$

• 계산 결과가 가장 작을 때
(두 자리 수)-(두 자리 수)의 계산 결과가 가장
작으려면 십의 자리 숫자의 차가 가장 작아야 합
니다. 일의 자리에 오는 수는 빼어지는 수는 작
게, 빼는 수는 크게 하여 십의 자리에서 받아내
림을 생각합니다.
$$\begin{array}{r} 4\ 0 \\ -\ 3\ 6 \\ \hline 4 \end{array}$$

따라서 계산 결과가 가장 클 때와 가장 작을 때의
합은 54+4=58입니다.

답 58

04 A급비법 각 수가 포함된 식을 만들어 사용된 수를 구합니다.

• 수 10이 포함되면 수 40이 더 필요하고
25+15=40에서 구하는 식은
10+25+15=50입니다.
• 수 25가 포함되면 수 25가 더 필요하고
10+15=25에서 구하는 식은
25+10+15=50입니다.
• 수 45가 포함되면 수 5가 더 필요하고
15-10=5에서 구하는 식은
45+15-10=50입니다.
• 수 15가 포함되면 수 35가 더 필요하고
10+25=35, 45-10=35,
60-25=35에서 구하는 식은
15+10+25=50, 15+45-10=50,
15+60-25=50입니다.

• 수 60이 포함되면 수 10이 덜 필요하고
25-15=10에서 구하는 식은
60-25+15=50입니다.
따라서 모든 식에 사용되는 수는 15입니다.

답 15

언제 어디서건 친구는 필요해요.
어른이 되어서도 친구는 필요합답니다.
친구가 내게 오기를 기다리지 말고
내가 먼저 친구에게 다가가 보면 어떨까요?
찾지 말고 먼저 되기! 좋은 사람, 좋은 친구.

# 4. 길이 재기

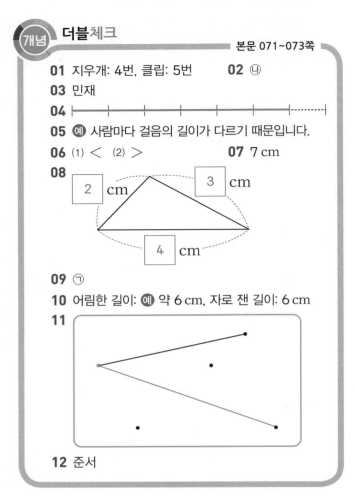

**01** 지우개: 4번, 클립: 5번　　　　**02** ④

**03** 민재

**04** [눈금 그림]

**05** 예 사람마다 걸음의 길이가 다르기 때문입니다.

**06** (1) ＜　(2) ＞　　　　**07** 7 cm

**08** [삼각형 그림: 2 cm, 3 cm, 4 cm]

**09** ㉠

**10** 어림한 길이: 예 약 6 cm, 자로 잰 길이: 6 cm

**11** [그림]

**12** 준서

---

**01** 연필의 길이는 지우개로 4번이고, 클립으로 5번입니다.

　　　　🖎 지우개: 4번, 클립: 5번

**02** 같은 단위로 길이를 쟀을 때 재어 나타낸 수가 클수록 길이가 더 깁니다.
따라서 6＜9이므로 ④의 길이가 더 깁니다.

　　　　🖎 ④

**03** 같은 길이를 잴 때, 재는 단위 길이가 길수록 잰 횟수가 적습니다. 따라서 한 뼘의 길이가 더 긴 사람은 잰 횟수가 더 적은 민재입니다.

　　　　🖎 민재

**04** 1 cm가 6번 되게 점선을 따라 선을 긋습니다.

🖎 [눈금 그림]

**05** 🖎 예 사람마다 걸음의 길이가 다르기 때문입니다.

---

**06** (1) 11 센티미터는 11 cm입니다.
　　➡ 9 cm ＜ 11 cm

(2) 7 센티미터는 7 cm이고 1 cm가 6번이면 6 cm입니다.
　　➡ 7 cm ＞ 6 cm

　　　　🖎 (1) ＜　(2) ＞

**07** 색 테이프의 한쪽 끝이 자의 눈금 0에 맞추어져 있고 다른 쪽 끝이 자의 눈금 7이므로 색 테이프의 길이는 7 cm입니다.

　　　　🖎 7 cm

**08** 각 변의 한쪽 끝을 자의 눈금 0에 맞추고, 다른 쪽 끝에 있는 자의 눈금 아래 숫자를 읽습니다.

🖎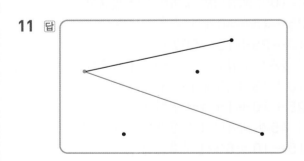

**09** ㉠은 한쪽 끝이 자의 눈금 0에 맞추어져 있고 다른 쪽 끝이 자의 눈금 5에 있으므로 길이는 5 cm입니다.
㉡은 자의 눈금 2부터 6까지 1 cm가 4번 있으므로 길이는 4 cm입니다.
따라서 5＞4이므로 ㉠의 길이가 더 깁니다.

　　　　🖎 ㉠

**10** 막대의 길이는 1 cm로 6번 정도 되므로 어림하면 약 6 cm입니다.
막대의 길이를 자로 재면 6 cm입니다.

　　🖎 어림한 길이: 예 약 6 cm, 자로 잰 길이: 6 cm

**11** 🖎 [그림]

**12** 어림한 길이와 실제 길이의 차를 구하면
윤아: 12－10＝2(cm),
준서: 13－12＝1(cm)
따라서 더 가깝게 어림한 사람은 준서입니다.

　　　　🖎 준서

유형1 8, 8, 2 / 2번

**1-1** 3번　　　　　**1-2** 4번

유형2 15, 13, 12, 윤서 / 윤서

**2-1** 민우　　　　**2-2** ㉠, ㉢, ㉡

유형3 3, 3, 5, 5, 3, 5, 메뚜기, 5, 3, 2 / 메뚜기, 2 cm

**3-1** ㉠, 2 cm　　**3-2** ㉠

유형4 3, 42, 42, 6, 6 / 6번

**4-1** 9번　　　　　**4-2** 6 cm

유형5 가위, 리코더, 딱풀, 서아 / 서아

**5-1** 채원　　　　**5-2** 민재, 동현, 지후

유형6 3, 11, 10, 1, 19, 17, 2, 컵 / 컵

**6-1** 빨간색　　　**6-2** 민준

유형7 12, 12, 12, 12 / 12 cm

**7-1** 8 cm　　　　**7-2** 10 cm

---

**1-1** 리코더의 길이는 옷핀으로 15번, 열쇠로 5번입니다.
열쇠 5개의 길이는 옷핀으로 15번이므로 열쇠 1개의 길이는 옷핀으로 3번입니다.

답 3번

**1-2** 오이의 길이는 사탕으로 6번, 초콜릿으로 12번입니다. 사탕 6개의 길이는 초콜릿으로 12번이므로 사탕 1개의 길이는 초콜릿으로 2번입니다.
따라서 사탕 2개의 길이는 초콜릿으로 4번입니다.

답 4번

**2-1** 잰 횟수가 적을수록 한 걸음의 길이가 깁니다.
32＞31＞28이므로 한 걸음의 길이가 가장 긴 사람은 민우입니다.

답 민우

**2-2** 잰 횟수가 적을수록 단위 길이가 깁니다.
8＜9＜11이므로 단위 길이가 긴 순서대로 쓰면 ㉠, ㉢, ㉡입니다.

답 ㉠, ㉢, ㉡

**3-1** ㉠의 길이는 3부터 7까지 1 cm가 4칸 있으므로 4 cm입니다.
㉡의 길이는 8부터 14까지 1 cm가 6칸 있으므로 6 cm입니다.

4＜6이므로 ㉠의 길이가 6－4＝2(cm) 더 짧습니다.

답 ㉠, 2 cm

**3-2** 바늘의 길이는 5 cm입니다. ㉠의 길이는 1 cm가 6번이므로 6 cm입니다. ㉡의 길이는 1 cm가 5번이므로 5 cm입니다.
따라서 바늘의 길이보다 더 긴 것은 ㉠입니다.

답 ㉠

**4-1** 식탁의 높이는 12 cm로 6번이므로
12＋12＋12＋12＋12＋12＝72(cm)
입니다.
식탁의 높이는
8＋8＋8＋8＋8＋8＋8＋8＋8＝72이므로 길이가 8 cm인 물감으로 9번 잰 것과 같습니다.

답 9번

**4-2** 막대의 길이는 4 cm로 9번이므로
4＋4＋4＋4＋4＋4＋4＋4＋4＝36(cm)
입니다.
색연필의 길이를 □ cm라 하면
□＋□＋□＋□＋□＋□＝36에서
6＋6＋6＋6＋6＋6＝36이므로 □＝6입니다.
따라서 색연필의 길이는 6 cm입니다.

답 6 cm

**5-1** 한 뼘, 국자, 포크 중에서 길이가 가장 긴 단위는 국자입니다.
세 사람이 목도리의 길이를 잰 단위는 다르지만 재어 나타낸 수는 같으므로 단위 길이가 가장 긴 국자로 잰 길이가 가장 깁니다.
따라서 가장 긴 목도리를 가진 사람은 채원입니다.

답 채원

**5-2** 건전지, 빨대, 옷핀의 단위 길이를 비교하면
옷핀＜건전지＜빨대입니다.
세 사람이 만든 목걸이의 길이를 잰 단위는 다르지만 재어 나타낸 수는 같으므로 단위 길이가 짧을수록 잰 길이가 짧습니다.
따라서 목걸이의 길이가 짧은 사람부터 차례로 쓰면 민재, 동현, 지후입니다.

답 민재, 동현, 지후

**6-1** 어림한 길이와 자로 잰 길이의 차를 구하면
빨간색: $12-11=1$(cm),
파란색: $16-14=2$(cm),
보라색: $20-16=4$(cm)
실제 길이에 가장 가깝게 어림한 것은 어림한 길이
와 자로 잰 길이의 차가 가장 작은 빨간색입니다.

📝 빨간색

**6-2** 어림한 길이와 실제 길이의 차를 구하면
나은: $73-70=3$(cm),
시우: $79-73=6$(cm),
민준: $75-73=2$(cm)
어림한 길이와 실제 길이의 차가 작을수록 실제
길이에 가깝게 어림한 것이므로 가장 가깝게 어
림한 사람은 민준입니다.

📝 민준

**7-1** 초록색 선의 길이는 1 cm가 8번 있습니다.
1 cm가 8번이면 8 cm이므로 ㉠에서 ㉡까지 가
는 초록색 선의 길이는 8 cm입니다.

📝 8 cm

**7-2** 그린 빨간색 선의 길이는 1 cm가 10번 있습니다.
1 cm가 10번이면 10 cm이므로 그린 빨간색 선
의 길이는 10 cm입니다.

📝 10 cm

---

**STEP B 종합응용력완성** | 본문 081~086쪽

| | | |
|---|---|---|
| **01** 크레파스 8개 | **02** 3 cm | **03** 5 |
| **04** 17 | **05** 35 cm | **06** 6뼘 | **07** ④ |
| **08** 36 cm | **09** 60 cm | **10** 9 cm | |
| **11** 약 84 cm | **12** 7가지 | **13** 2 |
| **14** 173 cm | **15** 29 cm | **16** 25 cm |
| **17** 84 cm | | |

**01** 붓의 길이는 물감으로 3번, 크레파스로 2번입니다.
물감 3개의 길이가 크레파스로 2번이므로 물감 9
개의 길이는 크레파스로 6번입니다.

따라서 물감 9개의 길이와 크레파스 8개의 길이
중 더 긴 것은 크레파스 8개의 길이입니다.

📝 크레파스 8개

**02** 파란색 테이프는 1 cm로 4번이므로 4 cm입니다.
보라색 테이프는 1 cm로 7번이므로 7 cm입니다.
따라서 보라색 테이프가 $7-4=3$(cm) 더 깁니다.

📝 3 cm

**03** (왼쪽 인형의 길이)$=4+8+2=14$(cm)
두 인형의 길이가 같으므로 오른쪽 인형의 길이는
14 cm입니다.
$3+\square+6=14$, $9+\square=14$, $\square=5$

📝 5

**04** 빨대의 길이가 13 cm이므로 자의 한쪽 끝의 눈금
4에서 다른 쪽 끝까지 1 cm가 13번 들어가야 합
니다.
따라서 $\square$ 안에 알맞은 눈금의 수는 17입니다.

📝 17

**05** 초록색 테이프의 길이는 주황색 테이프의 길이보다
2 cm 짧으므로 $14-2=12$(cm)입니다.
파란색 테이프의 길이는 초록색 테이프의 길이보다
3 cm 짧으므로 $12-3=9$(cm)입니다.
따라서 세 테이프의 길이의 합은
$14+12+9=35$(cm)입니다.

📝 35 cm

**06** 액자의 실제 길이는 유정이가 어림한 길이 72 cm
보다 12 cm 더 길므로 $72+12=84$(cm)입니다.
$84=14+14+14+14+14+14$이므로 액
자의 긴 쪽의 길이를 유정이의 뼘으로 재면 6뼘입
니다.

📝 6뼘

**07** 다음 길이를 각각 ㉠, ㉡이라 하면

㉡은 ㉠보다 깁니다.
① ㉠이 4개입니다.
② ㉠이 2개, ㉡이 2개입니다.
③ ㉠이 2개, ㉡이 1개입니다.
④ ㉠이 4개, ㉡이 1개입니다.
⑤ ㉠이 5개입니다.
따라서 ④가 가장 긴 선입니다.

📝 ④

**08** 짧은 끈의 길이를 □ cm라 하면 긴 끈의 길이는
(□+25)cm입니다.
□+□+25=97, □+□=72
36+36=72에서 □=36이므로 짧은 끈의 길이는 36 cm입니다.

답 36 cm

**09** 중간 사각형의 한 변의 길이는 양쪽 사각형의 한 변의 길이와 1 cm씩 차이가 나므로 왼쪽 사각형의 한 변의 길이는 5-1=4(cm), 오른쪽 사각형의 한 변의 길이는 5+1=6(cm)입니다.
따라서 처음 철사의 길이는
4+4+4+4+5+5+5+5+6+6+6+6
=60(cm)였습니다.

답 60 cm

**10** 가장 가까운 길은 오른쪽으로 5칸, 위쪽으로 4칸을 가면 되므로 모두 9칸입니다.
한 칸은 작은 사각형의 한 변의 길이인 1 cm이므로 9칸의 길이는 9 cm입니다.

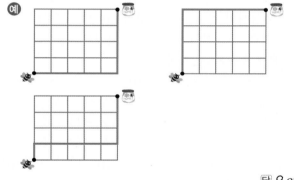

답 9 cm

**11** 뼘의 수가 적을수록 한 뼘의 길이가 깁니다.
7<8<10이므로 한 뼘의 길이가 가장 긴 사람은 하진입니다.
하진이의 한 뼘의 길이가 약 12 cm이고
12+12+12+12+12+12+12=84(cm)
이므로 침대의 짧은 쪽의 길이는 약 84 cm입니다.

답 약 84 cm

**12** 5+5+5=15
2+3+5+5=15
2+3+2+3+5=15
2+2+2+2+2+5=15
2+3+2+3+2+3=15
3+3+3+3+3=15
2+2+2+2+2+2+3=15

따라서 15 cm를 재는 방법은 7가지입니다.

답 7가지

**13** 중간 사각형의 변 2개를 더하면 8 cm이고
4+4=8이므로 중간 사각형의 한 변의 길이는 4 cm입니다.
가장 작은 사각형의 변 2개를 더하면 4 cm이고
2+2=4이므로 □=2입니다.

답 2

**14** 예 ❶ 우산의 길이는 15 cm인 연필로 4번 잰 길이와 같으므로
15+15+15+15=60(cm)입니다.
❷ 책장의 짧은 쪽의 길이는 60 cm인 우산으로 2번 잰 길이와 같으므로 60+60=120(cm)입니다.
❸ 책장의 긴 쪽은 짧은 쪽보다 53 cm 더 길므로
120+53=173(cm)입니다.

답 173 cm

| 채점기준 | 배점 | |
|---|---|---|
| ❶ 우산의 길이 구하기 | 2점 | |
| ❷ 책장의 짧은 쪽의 길이 구하기 | 2점 | 5점 |
| ❸ 책장의 긴 쪽의 길이 구하기 | 1점 | |

**15** 2+2+2+2+2=10이므로
└──── 5번 ────┘
10시간 후 양초의 길이는
3+3+3+3+3=15(cm) 짧아집니다.
└──── 5번 ────┘
따라서 불을 붙이기 전 양초의 길이는
14+15=29(cm)였습니다.

답 29 cm

**16**
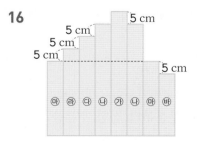

막대를 긴 순서대로 쓰면
㉮-㉯-㉰-㉱-㉲-㉳입니다.
가장 긴 막대의 길이는 50 cm이므로 가장 짧은 막대의 길이는
50-5-5-5-5-5=25(cm)입니다.

답 25 cm

**17**

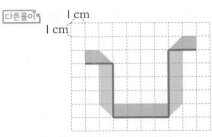

12+12=24 (cm)
48−12=36 (cm)
36+36=72 (cm)

끈의 길이는 12<24<36<72이므로 가장 긴 끈의 길이는 72 cm, 가장 짧은 끈의 길이는 12 cm 입니다.

➡ 72+12=84(cm)

답 84 cm

---

> **01** 민서　　**02** 17 cm
> **03** ④: 9 cm, ⑤: 8 cm, ⑥: 16 cm

**01** A급비법 모두가 잰 길이의 단위를 지우개로 바꾸어 비교합니다.

다인: 가위 2번=지우개 3번+지우개 3번
　　　　=지우개 6번

지호: 자 2번+가위 1번
　　　=지우개 2번+지우개 2번+지우개 3번
　　　=지우개 7번

민서: 지우개 11번

수아: 자 4번+지우개 2번
　　　=지우개 2번+지우개 2번+지우개 2번
　　　　+지우개 2번+지우개 2번
　　　=지우개 10번

6<7<10<11이므로 민서가 잰 것의 길이가 가장 깁니다.

답 민서

**02** A급비법 색 띠의 접힌 부분을 펼쳐 보면서 생각합니다.
분홍색 띠의 양쪽 끝부분부터 접힌 부분을 차례로 펴서 생각합니다.

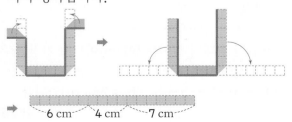

6 cm　4 cm　7 cm

따라서 분홍색 띠의 길이는
6+4+7=17(cm)입니다.

답 17 cm

다른풀이

1 cm
1 cm

그림과 같이 색 띠에 나타낸 굵은 선의 길이가 펼쳤을 때 색 띠의 길이입니다.
따라서 색 띠의 길이는 1 cm가 17번이므로 17 cm입니다.

**03** A급비법 첫째 줄에 있는 막대와 비교하여 각 막대의 길이를 구합니다.

④ 4개의 길이는 ② 3개의 길이와 같으므로
(막대 ④ 4개의 길이)=12+12+12=36(cm)
9+9+9+9=36에서
(막대 ④의 길이)=9(cm)

⑤ 3개의 길이는 ② 2개의 길이와 같으므로
(막대 ⑤ 3개의 길이)=12+12=24(cm)
8+8+8=24에서
(막대 ⑤의 길이)=8(cm)

(막대 ⑥의 길이)+(막대 ⑤의 길이)
=(막대 ② 2개의 길이)=12+12=24(cm)
이므로 (막대 ⑥의 길이)=24−8=16(cm)

따라서 막대 ④의 길이는 9 cm, 막대 ⑤의 길이는 8 cm, 막대 ⑥의 길이는 16 cm입니다.

답 ④: 9 cm, ⑤: 8 cm, ⑥: 16 cm

휴카페

성공한 사람은 모두 노력했다는 걸 알아둬!
(노력은 하기 싫은데 성공은 하고 시포ㅠㅠ)

# 5. 분류하기

**개념 더블체크**

**01** ㉡, ㉣

**02** 악기를 연주하는 방법

**03**

| 바퀴 0개 | 바퀴 2개 | 바퀴 4개 |
|---|---|---|
| 배, 요트, 헬리콥터 | 킥보드 | 버스, 자동차 |

**04**

| 분류 기준 | 색깔 |
|---|---|

| 종류 | 노란색 | 분홍색 | 하늘색 |
|---|---|---|---|
| 기호 | ㉠, ㉢, ㉃ | ㉡, ㉤ | ㉣, ㉥, ㉦ |

**05**

| 혈액형 | A형 | B형 | AB형 | O형 |
|---|---|---|---|---|
| 세면서 표시하기 | ///// | //// | // | //// |
| 친구 수(명) | 5 | 4 | 2 | 4 |

**06**

| 색깔 | 분홍색 | 초록색 | 보라색 | 노란색 |
|---|---|---|---|---|
| 수(개) | 3 | 5 | 2 | 1 |

**07** 초록색

**08**

| 종류 | 로봇 | 자동차 | 인형 | 공룡 |
|---|---|---|---|---|
| 수(개) | 3 | 6 | 2 | 1 |

**09** 자동차

---

**01** ㉠ 맛있는 것과 맛없는 것은 사람마다 기준이 다릅니다.
㉡ 콘 아이스크림과 막대 아이스크림은 종류별로 분류할 수 있습니다.
㉢ 잘 녹는 것과 잘 녹지 않는 것은 기준이 분명하지 않습니다.
㉣ 초콜릿 맛과 초콜릿 맛이 아닌 것은 종류별로 분류할 수 있습니다.

답 ㉡, ㉣

**02** 악기를 연주하는 방법을 기준으로 북, 트라이앵글은 두드려서 소리가 나는 악기, 기타, 하프는 줄을 튕겨서 소리가 나는 악기, 리코더, 플루트는 불어서 소리가 나는 악기로 분류하였습니다.

답 악기를 연주하는 방법

**03** 바퀴의 수에 따라 바퀴가 0개, 2개, 4개인 것으로 분류합니다.

답

| 바퀴 0개 | 바퀴 2개 | 바퀴 4개 |
|---|---|---|
| 배, 요트, 헬리콥터 | 킥보드 | 버스, 자동차 |

**04** 컵을 색깔별로 분류해 봅니다.

답

| 분류 기준 | 색깔 |
|---|---|

| 종류 | 노란색 | 분홍색 | 하늘색 |
|---|---|---|---|
| 기호 | ㉠, ㉢, ㉃ | ㉡, ㉤ | ㉣, ㉥, ㉦ |

**05** 같은 혈액형별로 /표시를 하며 수를 세어 봅니다.

답

| 혈액형 | A형 | B형 | AB형 | O형 |
|---|---|---|---|---|
| 세면서 표시하기 | ///// | //// | // | //// |
| 친구 수(명) | 5 | 4 | 2 | 4 |

**06** 같은 색깔별로 /표시를 하며 수를 세어 봅니다.

| 색깔 | 분홍색 | 초록색 | 보라색 | 노란색 |
|---|---|---|---|---|
| 세면서 표시하기 | /// | ///// | // | / |
| 수(개) | 3 | 5 | 2 | 1 |

답

| 색깔 | 분홍색 | 초록색 | 보라색 | 노란색 |
|---|---|---|---|---|
| 수(개) | 3 | 5 | 2 | 1 |

**07** 06번의 표에서 5>3>2>1이므로 가장 많은 모자의 색깔은 초록색입니다.

답 초록색

**08** 같은 종류별로 /표시를 하며 수를 세어 봅니다.

| 종류 | 로봇 | 자동차 | 인형 | 공룡 |
|---|---|---|---|---|
| 세면서 표시하기 | /// | /////! | // | / |
| 수(개) | 3 | 6 | 2 | 1 |

답

| 종류 | 로봇 | 자동차 | 인형 | 공룡 |
|---|---|---|---|---|
| 수(개) | 3 | 6 | 2 | 1 |

**09** 08번의 표에서 자동차를 좋아하는 학생이 가장 많으므로 자동차를 더 늘리면 좋을 것 같습니다.

답 자동차

**유형 1** 종류, ㉠, ㉣, ㉫, ㉪, ㉡, ㉢, ㉧, ㉤ /

| 분류 기준 | 재활용품의 종류 |
| --- | --- |

| 플라스틱 | 유리 | 캔 | 종이 |
| --- | --- | --- | --- |
| ㉠, ㉣ | ㉫, ㉪ | ㉡, ㉢ | ㉧, ㉤ |

**1-1**

| 분류 기준 | **예** 색깔 |
| --- | --- |

| 빨간색 | 노란색 | 보라색 |
| --- | --- | --- |
| 장미, 튤립, 동백꽃, 제라늄 | 해바라기, 수선화 | 제비꽃, 나팔꽃 |

**유형 2**

| 종류 | 강아지 | 고양이 | 앵무새 | 토끼 |
| --- | --- | --- | --- | --- |
| 세면서 표시하기 | ////\ /// | ////\ / | ////\ / | //// |
| 학생 수 (명) | 8 | 6 | 6 | 4 |

**2-1**

| 종류 | 위인전 | 소설책 | 동화책 | 만화책 |
| --- | --- | --- | --- | --- |
| 세면서 표시하기 | ////\ // | //// | ////\ | ////\ |
| 학생 수 (명) | 7 | 4 | 5 | 5 |

/ 5명

**유형 3** 3, 5, 5, 2, 6, 오렌지, 2, 6, 오렌지, 4 / 오렌지, 4개

**3-1** 소시지

**유형 4** 다리의 수, 4, 0, 펭귄 / 펭귄에 ◯표

**4-1** 잘못 분류된 칸: ㉡칸

바르게 고치기: 컵라면을 ㉢칸으로 옮겨야 합니다.

**유형 5** 접시, ▲, 공책, 모양 / 모양(● 모양, ▲ 모양, ■ 모양)

**5-1** **예** • 그림의 종류 (사람 그림, 자동차 그림, 과일 그림)

• 색깔 (보라색, 노란색, 빨간색)

**유형 6**

| 빨간색인 것 | 빨간색이 아닌 것 |
| --- | --- |
| ㉠, ㉢, ㉤, ㉥, ㉦, ㉧ | ㉡, ㉫, ㉪, ㉨, ㉩, ㉠ |

, 3 / 3개

| 2개 | 4개 |
| --- | --- |
| ㉤, ㉥, ㉦ | ㉠, ㉢, ㉧ |

**6-1** 3켤레

---

**1-1** 꽃들의 색을 살펴봅니다.

**답**

| 분류 기준 | **예** 색깔 |
| --- | --- |

| 빨간색 | 노란색 | 보라색 |
| --- | --- | --- |
| 장미, 튤립, 동백꽃, 제라늄 | 해바라기, 수선화 | 제비꽃, 나팔꽃 |

**2-1** 읽고 있는 책을 종류에 따라 분류하여 그 수를 세어 봅니다.

따라서 동화책을 읽고 있는 학생은 5명입니다.

**답**

| 종류 | 위인전 | 소설책 | 동화책 | 만화책 | , 5명 |
| --- | --- | --- | --- | --- | --- |
| 세면서 표시하기 | ////\ // | //// | ////\ | ////\ | |
| 학생 수 (명) | 7 | 4 | 5 | 5 | |

**3-1**

| 반찬 | 소시지 | 계란 말이 | 두부 조림 | 진미채 | 콩자반 |
| --- | --- | --- | --- | --- | --- |
| 수(개) | 7 | 5 | 3 | 3 | 2 |

7＞5＞3＞2이므로 학생들이 가장 좋아하는 반찬은 소시지입니다.

따라서 소시지를 가장 많이 준비하는 것이 좋습니다.

**답** 소시지

**4-1** 식품이 각 칸에 분류 기준에 맞게 분류되어 있는지 살펴보면 ㉡칸의 컵라면이 잘못 분류되어 있습니다. 컵라면은 ㉢칸으로 옮겨야 합니다.

**답** 잘못 분류된 칸: ㉡칸

바르게 고치기: 컵라면을 ㉢칸으로 옮겨야 합니다.

**5-1** **예** • 카드에 그려진 그림의 종류에 따라 분류할 수 있습니다. (사람 그림, 자동차 그림, 과일 그림)

• 카드의 색깔에 따라 분류할 수 있습니다. (보라색, 노란색, 빨간색)

**답** **예** • 그림의 종류 (사람 그림, 자동차 그림, 과일 그림)

• 색깔 (보라색, 노란색, 빨간색)

**6-1** 신발을 신발끈에 따라 분류합니다.

| 끈이 있는 것 | ㉢, ㉣, ㉫, ㉪, ㉦ |
| --- | --- |
| 끈이 없는 것 | ㉠, ㉡, ㉤, ㉧, ㉨ |

끈이 있는 것에서 색깔에 따라 분류합니다.

| 파란색 | ㉢, ㉤, ㉦ |
|---|---|
| 빨간색 | ㉣ |
| 노란색 | ㉧ |

따라서 끈이 있는 파란색 신발은 ㉢, ㉤, ㉦으로 모두 3켤레입니다.

답 3켤레

---

## STEP B 종합응용력완성 〈 본문 100~105쪽

**01** 기준 ①: 예 컵의 뚜껑, 기준 ②: 예 컵의 손잡이
**02** 9, 6, 5  **03** 2개
**04**

| | 1층 | 2층 | 3층 |
|---|---|---|---|
| | 샴푸 | 포크, 주전자 | 포스트잇, 샤프 |

**05** 4명  **06** 딸기  **07** 맑음
**08**

| 모양<br>색깔 | 곰 | 상어 | 지렁이 | 오리 |
|---|---|---|---|---|
| 빨간색 | 1 | 3 | | 1 |
| 보라색 | 1 | 1 | 3 | 1 |
| 초록색 | 4 | | 1 | 1 |
| 노란색 | 2 | | 2 | |

**09** 3개  **10** 곰, 지렁이, 상어, 오리
**11** 중식  **12** 4명  **13** 8천 원
**14** 야구, 축구, 배구, 6  **15** 준석

**01** 각 컵이 가지고 있는 특징은 컵의 뚜껑, 손잡이, 모양 등입니다.
컵의 뚜껑으로 분류하면 뚜껑이 없는 것은 ㉠, ㉡, ㉣이고, 뚜껑이 있는 것은 ㉢, ㉤입니다.
컵의 손잡이에 따라 분류하면 손잡이가 있는 것은 ㉡, ㉢, ㉤이고, 손잡이가 없는 것은 ㉠, ㉣입니다.

답 기준 ①: 예 컵의 뚜껑, 기준 ②: 예 컵의 손잡이

---

**02** 삼각형, 사각형, 원을 빠짐없이 세어 보면 다음과 같습니다.

| 도형 | 삼각형 | 사각형 | 원 |
|---|---|---|---|
| 개수(개) | 9 | 6 | 5 |

답 9, 6, 5

**03** 공 모양의 사탕은 ㉠, ㉢, ㉣, ㉤, ㉦입니다.
공 모양의 사탕 중 분홍색 사탕은 ㉠, ㉦입니다.
따라서 구하는 사탕은 2개입니다.

답 2개

**04** 마트에서 1층은 화장실용품, 2층은 주방용품, 3층은 문구용품으로 분류했습니다.
쪽지에 쓰여 있는 물건을 분류하면 포크와 주전자는 주방용품, 샴푸는 화장실용품, 샤프와 포스트잇은 문구용품입니다.

답

| 1층 | 2층 | 3층 |
|---|---|---|
| 샴푸 | 포크, 주전자 | 포스트잇, 샤프 |

**05** 예 ❶ 딱지의 수 20개와 24개를 기준으로 분류하여 그 수를 셉니다.

| 딱지 수 | 20개보다<br>적은 딱지 | 20개~24<br>개 딱지 | 24개보다<br>많은 딱지 |
|---|---|---|---|
| 학생 수<br>(명) | 10 | 4 | 6 |

❷ 딱지를 20개보다 적게 가지고 있는 학생 수는 10명이고 딱지를 24개보다 많이 가지고 있는 학생 수는 6명입니다.
따라서 10−6=4(명)입니다.

답 4명

| 채점기준 | 배점 | |
|---|---|---|
| ❶ 표를 만들어 기준에 따라 수를 세어 보기 | 4점 | 5점 |
| ❷ 20개보다 적게 가진 학생이 24개보다 많이 가진 학생보다 몇 명 더 많은지 구하기 | 1점 | |

**06** 어제 팔린 아이스크림을 종류에 따라 분류하여 세어 보면 딸기 아이스크림은 10개, 초코 아이스크림은 5개, 바닐라 아이스크림은 4개, 민트 아이스크림은 5개입니다.
어제 가장 많이 팔린 아이스크림은 딸기 아이스크

림입니다. 따라서 오늘 딸기 아이스크림을 가장 많이 준비하는 것이 좋습니다.

답 딸기

**07** 표를 만들어 29일의 날씨를 제외한 날씨별 날수를 구해 봅니다.

| 날씨 | 맑음 | 흐림 | 비 |
|---|---|---|---|
| 날수(일) | 12 | 8 | 10 |

맑은 날이 흐린 날보다 5일 많으므로 맑은 날은 8+5=13(일)입니다.
따라서 29일의 날씨는 맑음입니다.

답 맑음

**08** 답

| 색깔＼모양 | 곰 | 상어 | 지렁이 | 오리 |
|---|---|---|---|---|
| 빨간색 | 1 | 3 |  | 1 |
| 보라색 | 1 | 1 | 3 | 1 |
| 초록색 | 4 |  | 1 | 1 |
| 노란색 | 2 |  | 2 |  |

**09** 초록색 곰 모양 젤리는 4개이고, 빨간색 오리 모양 젤리는 1개입니다.
따라서 초록색 곰 모양 젤리는 빨간색 오리 모양 젤리보다 4-1=3(개) 더 많습니다.

답 3개

**10** 곰 모양 8개, 상어 모양 4개, 지렁이 모양 6개, 오리 모양 3개이므로 곰, 지렁이, 상어, 오리의 순서대로 많이 있습니다. 모양별로 젤리 수가 같아졌으므로 많이 있는 것부터 더 많이 나누어 준 것입니다.
따라서 곰, 지렁이, 상어, 오리의 순으로 더 많이 나누어 준 것입니다.

답 곰, 지렁이, 상어, 오리

**11** 표에서 중식을 좋아하는 학생 수는 5명인데 자료에서 찾아보면 승훈, 지윤, 시온, 한민 밖에 없으므로 동현이가 좋아하는 음식은 중식입니다.

답 중식

**12** 자료에서 한식을 찾아보면 석준, 태민, 영아, 소희로 한식을 좋아하는 학생 수는 4명입니다.

답 4명

**13** 젤리는 1천 원, 아이스크림은 2천 원, 과자는 3천 원입니다.
주아는 젤리 1개, 아이스크림 2개, 과자 1개를 골랐으므로 1+2+2+3=8(천 원)을 내야 합니다.

답 8천 원

**14** 전체 학생은 15명이므로 야구를 좋아하는 학생은 15-5-3-1=6(명)으로 가장 많습니다. 따라서 지윤이가 좋아하는 스포츠는 야구입니다.
예진이와 같은 스포츠를 좋아하는 학생은 없으므로 예진이는 배구를 좋아합니다. 자료에서 축구는 4명인데 축구를 좋아하는 학생은 5명이므로 사랑이는 축구를 좋아합니다.

답 야구, 축구, 배구, 6

**15** 모양 카드를 모양에 따라 분류하여 세어 보면 △는 3개, ◯는 5개, ★은 4개이므로 가장 많은 모양은 ◯이고, 가장 적은 모양은 △입니다.
모양 카드를 숫자에 따라 분류하여 세어 보면 1은 4개, 2는 5개, 3은 3개이므로 가장 많은 숫자는 2입니다.
가장 많은 모양 ◯에 쓰여 있는 숫자의 합은 1+2+3+2+1=9입니다.
3이 적힌 것 중에서 가장 많은 모양은 ★입니다.
따라서 바르게 설명한 사람은 준석입니다.

답 준석

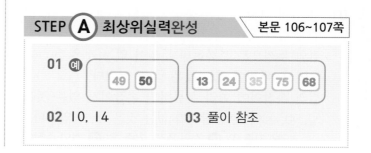

STEP Ⓐ 최상위실력완성    본문 106~107쪽

**01** 예    49  50    13  24  35  75  68

**02** 10, 14    **03** 풀이 참조

**01** [A급비법] 일의 자리 숫자와 십의 자리 숫자의 차에 따라 분류하여 봅니다.

|보기|는 일의 자리 숫자와 십의 자리 숫자의 차가 5인 경우와 2인 경우로 분류하였습니다. 주어진 카드를 |보기|의 기준으로 분류하면 다음과 같습니다.

| 차가 5인 경우 | 차가 2인 경우 |
|---|---|
| 49 50 | 13 24 35 75 68 |

답 예

**02** [A급비법] 구멍이 2개인 단추 수를 구하여 구멍이 4개인 단추 수를 먼저 구합니다.

(구멍이 2개인 단추 수)$=23+15+12$
$\qquad\qquad\qquad\quad =50$(개)
(구멍이 4개인 단추 수)$=50-16$
$\qquad\qquad\qquad\quad =34$(개)
(전체 단추 수)$=50+34=84$(개)
(삼각형 모양의 단추 수)$=15+10$
$\qquad\qquad\qquad\qquad =25$(개)
(원 모양과 사각형 모양의 단추 수)$=84-25$
$\qquad\qquad\qquad\qquad\qquad\qquad =59$(개)

원 모양의 단추 수는 $59+7=66$(개)의 절반인 33개이고 사각형 모양의 단추 수는
$33-7=26$(개)입니다.
따라서 구멍이 4개인 원 모양의 단추 수는
$33-23=10$(개),
구멍이 4개인 사각형 모양의 단추 수는
$26-12=14$(개)입니다.

답 10, 14

**03** [A급비법] |번, 7번과 9번 차이점과 7번과 9번의 차이점을 각각 찾아봅니다.

예 |번, 7번과 9번 카드는 색이 다르므로 ㉠에 들어갈 기준은 '노란색입니까?'입니다.
예에는 노란색 카드를, 아니오에는 초록색 카드를 분류합니다.
7번과 9번은 구멍의 개수가 다르므로 ㉡에 들어갈 기준은 '구멍이 한 개입니까?'입니다.
예에는 구멍이 |개인 카드를, 아니오에는 구멍이 2개인 카드를 분류합니다.

답 예

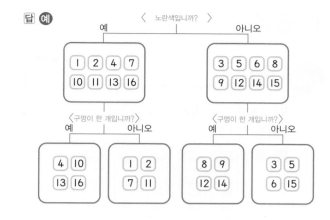

| 도전! 스도쿠게임 정답 |

| 4 | 1 | 9 | 6 | 5 | 2 | 7 | 3 | 8 |
|---|---|---|---|---|---|---|---|---|
| 8 | 7 | 2 | 3 | 1 | 4 | 9 | 5 | 6 |
| 5 | 3 | 6 | 9 | 7 | 8 | 4 | 2 | 1 |
| 2 | 9 | 1 | 5 | 8 | 7 | 6 | 4 | 3 |
| 3 | 4 | 5 | 1 | 6 | 9 | 2 | 8 | 7 |
| 7 | 6 | 8 | 2 | 4 | 3 | 5 | 1 | 9 |
| 9 | 5 | 3 | 8 | 2 | 6 | 1 | 7 | 4 |
| 1 | 8 | 7 | 4 | 9 | 5 | 3 | 6 | 2 |
| 6 | 2 | 4 | 7 | 3 | 1 | 8 | 9 | 5 |

# 6. 곱셈

**01** 14개     **02** 8, 10, 12, 14, 14
**03** 5, 3, 15
**04** (예)

, 20개

**05**

$\underbrace{\bigcirc\bigcirc\;\bigcirc\bigcirc\;\bigcirc\bigcirc\;\bigcirc\bigcirc\;\bigcirc\bigcirc}$.

2, 2, 2, 2, 10

**06** 18개     **07** 5, 20, 4, 20
**08** ⤬     **09** $6 \times 2 = 12$, $6 \times 3 = 18$

**10** 덧셈식: $3+3+3+3+3+3+3+3=24$
     곱셈식: $3 \times 8 = 24$
**11** 7, 7, 14     **12** 48개

---

**01** 하나씩 세어 보면 1, 2, 3……12, 13, 14이므로 모두 14개입니다.

답 14개

**02** 2씩 뛰어 세어 보면 2, 4, 6, 8, 10, 12, 14이므로 모두 14개입니다.

답 8, 10, 12, 14, 14

**03** 사과는 5씩 3묶음이므로 모두 15개입니다.

답 5, 3, 15

**04** 4씩 묶어 세어 보면 4씩 5묶음이므로 모두 20개입니다.

답 (예)

, 20개

**05** 2의 5배는 2씩 5묶음이므로 2를 5번 더하는 것과 같습니다.
➡ $2+2+2+2+2=10$

---

답 $\underbrace{\bigcirc\bigcirc\;\bigcirc\bigcirc\;\bigcirc\bigcirc\;\bigcirc\bigcirc\;\bigcirc\bigcirc}$, 2, 2, 2, 2, 10

**06** 주어진 스티커는 3개이고, 지수가 모은 스티커는 3의 6배만큼이므로
$3+3+3+3+3+3=18$(개)입니다.

답 18개

**07** 4씩 묶으면 5묶음이므로 $4 \times 5 = 20$
5씩 묶으면 4묶음이므로 $5 \times 4 = 20$

답 5, 20, 4, 20

**08** 3의 3배 ➡ $3 \times 3$
8과 4의 곱 ➡ $8 \times 4$
7 곱하기 5 ➡ $7 \times 5$

답

**09** 콩깍지 하나에 콩이 6개이므로
콩깍지 1개는 $6 \times 1 = 6$,
콩깍지 2개는 $6 \times 2 = 12$,
콩깍지 3개는 $6 \times 3 = 18$입니다.

답 $6 \times 2 = 12$, $6 \times 3 = 18$

**10** 도넛의 수는 3개씩 8상자이므로 3의 8배입니다.
덧셈식: $3+3+3+3+3+3+3+3=24$
곱셈식: $3 \times 8 = 24$

답 덧셈식: $3+3+3+3+3+3+3+3=24$
곱셈식: $3 \times 8 = 24$

**11** 오리 다리의 수는 2의 7배입니다.
➡ $2+2+2+2+2+2+2=14$
➡ $2 \times 7 = 14$

답 7, 7, 14

**12** 얼음이 8씩 6묶음이므로 $8 \times 6 = 48$(개)입니다.

답 48개

유형1 7, 2, 7, 2 / 2×7, 7×2
**1-1** 4×9, 6×6, 9×4
**1-2** 3×8, 4×6, 6×4, 8×3
유형2 20, 20, 5, 5, 5 / 5배
**2-1** 7배　　　　**2-2** 3배
유형3 3, 3, 3, 3, 24 / 24개
**3-1** 42개　　　**3-2** 45개
유형4 2, 2, 8, 8, 8, 8, 24 / 24개
**4-1** ☾: 24개, ☆: 12개　　**4-2** 48개
유형5 6, 6, 48, 9, 9, 27, 48, 27, 21 / 21개
**5-1** 22개　　　**5-2** 13개
유형6 9, 9, 18, 7, 7, 21, 4, 4, 20, 21, 20, 18, 크림빵 / 크림빵
**6-1** 1반　　　**6-2** 분홍 장미

**1-1** 토마토는 모두 36개이고 빠짐없이 묶으면 4개씩 9묶음, 6개씩 6묶음, 9개씩 4묶음입니다.
따라서 곱셈으로 나타내면 4×9, 6×6, 9×4 입니다.

답 4×9, 6×6, 9×4

**1-2** 모자는 모두 24개이고 빠짐없이 묶으면 3개씩 8묶음, 4개씩 6묶음, 6개씩 4묶음, 8개씩 3묶음 입니다.
따라서 곱셈으로 나타내면 3×8, 4×6, 6×4, 8×3입니다.

답 3×8, 4×6, 6×4, 8×3

**2-1** 처음 용수철의 길이는 3칸이고, 늘인 용수철의 길이는 21칸입니다.
21은 3씩 7묶음이므로 3의 7배입니다.
따라서 처음 용수철의 길이의 7배가 되게 늘였습니다.

답 7배

**2-2** 유주가 쌓은 쌓기나무는 5층이고 현아가 쌓은 쌓기나무는 15층입니다.
15는 5씩 3묶음이므로 5의 3배입니다.
따라서 현아가 쌓은 쌓기나무의 높이는 유주의 3배입니다.

답 3배

**3-1** 강아지가 앉은 부분에도 구름 모양이 규칙적으로 그려져 있으므로 구름 모양은 7씩 6묶음입니다.
7씩 6묶음은 7의 6배이므로 그려진 구름 모양은 모두 7×6=42(개)입니다.

답 42개

**3-2** 찢어진 부분에도 고양이 모양이 규칙적으로 그려져 있으므로 고양이 모양은 9씩 5묶음입니다. 9씩 5묶음은 9의 5배이므로 찢어지기 전 종이에 그려진 고양이 모양은 모두 9×5=45(개)입니다.

답 45개

**4-1** ☾ 모양은 4개이므로 6장을 겹쳐서 오리면 4씩 6묶음이므로 4의 6배입니다.
따라서 4×6=24(개) 만들어집니다.
☆ 모양은 2개이므로 6장을 겹쳐서 오리면 2씩 6묶음이므로 2의 6배입니다.
따라서 2×6=12(개) 만들어집니다.

답 ☾: 24개, ☆: 12개

**4-2** 한 상자에 들어 있는 골프공의 수는 3씩 2묶음이므로 3의 2배입니다. ➡ 3×2=6(개)
따라서 8상자에 들어 있는 골프공은 모두 6×8=48(개)입니다.

답 48개

**5-1** (처음에 있던 약과의 수)=7×6=42(개)
(친구들에게 나누어 준 약과의 수)
=4×5=20(개)
(남은 약과의 수)=42−20=22(개)

답 22개

**5-2** (처음에 있던 구슬의 수)=5×9=45(개)
(팔찌를 만드는 데 쓴 구슬의 수)
=8×4=32(개)
(남은 구슬의 수)=45−32=13(개)

답 13개

**6-1** 1반은 2의 8배만큼이므로
2×8=16(kg) 캤습니다.
2반은 3의 5배만큼이므로
3×5=15(kg) 캤습니다.
3반은 4의 2배만큼이므로
4×2=8(kg) 캤습니다.

따라서 가장 많이 캔 반은 1반입니다.

답 1반

**6-2** 노란 장미는 7의 5배만큼이므로
$7 \times 5 = 35$(송이) 있습니다.
빨간 장미는 6의 9배만큼이므로
$6 \times 9 = 54$(송이) 있습니다.
분홍 장미는 4의 8배만큼이므로
$4 \times 8 = 32$(송이) 있습니다.
따라서 가장 적은 장미는 분홍 장미입니다.

답 분홍 장미

---

## STEP Ⓑ 종합응용력완성  　본문 120~124쪽

**01** 49　　**02** ㉣, ㉠, ㉡, ㉢
**03** $2 \times 9$, $3 \times 6$, $6 \times 3$, $9 \times 2$
**04** 지호, 2개　　**05** 7개　　**06** 86개
**07** 8살　　**08** 31개　　**09** 12가지　**10** 25개
**11** 36 cm　**12** 13　　**13** 8　　**14** 40
**15** $9 \times 8 = 72$ (또는 $8 \times 9 = 72$)

---

**01** 7씩 5번 뛰어 센 수는 $7 \times 5 = 35$이고 28부터 뛰어 세기를 하였으므로 ★$= 28 + 35 = 63$입니다.
★$= ● + 14$, $63 = ● + 14$, $63 - 14 = ●$,
$● = 49$

답 49

**02** ㉠ 4씩 8묶음 ➡ 4의 8배 ➡ $4 \times 8 = 32$
㉡ 5의 6배 ➡ $5 \times 6 = 30$
㉢ 7씩 3줄 ➡ 7의 3배 ➡ $7 \times 3 = 21$
㉣ 9 곱하기 4 ➡ $9 \times 4 = 36$
따라서 $36 > 32 > 30 > 21$이므로 나타내는 수가 큰 것부터 차례로 기호를 쓰면 ㉣, ㉠, ㉡, ㉢입니다.

답 ㉣, ㉠, ㉡, ㉢

**03** 물고기는 18마리이고 빠짐없이 묶으면 2마리씩 9묶음, 3마리씩 6묶음, 6마리씩 3묶음, 9마리씩 2묶음입니다.
곱셈식으로 나타내면 $2 \times 9$, $3 \times 6$, $6 \times 3$, $9 \times 2$입니다.

답 $2 \times 9$, $3 \times 6$, $6 \times 3$, $9 \times 2$

**04** 사과를 지호는 6개씩 7묶음 가지고 있으므로
$6 \times 7 = 42$(개) 가지고 있고, 서우는 5개씩 8묶음 가지고 있으므로 $5 \times 8 = 40$(개) 가지고 있습니다.
$42 > 40$이므로 지호가 서우보다
$42 - 40 = 2$(개) 더 많이 가지고 있습니다.

답 지호, 2개

**05** 4개씩 7상자에 들어 있는 야구공의 수는
$4 \times 7 = 28$(개)이고 9개씩 6상자에 들어 있는 야구공의 수는 $9 \times 6 = 54$(개)입니다.
전체 야구공의 수는 $28 + 54 = 82$(개)이므로 학생 75명에게 1개씩 나누어 주면 $82 - 75 = 7$(개)가 남습니다.

답 7개

**06** (㉮ 편의점에 있는 우유의 수)$= 6 \times 5 = 30$(개)
(㉯ 편의점에 있는 우유의 수)$= 30 - 21 = 9$(개)
(㉰ 편의점에 있는 우유의 수의 4배)
　$= 9 \times 4 = 36$(개)이므로
(㉰ 편의점에 있는 우유의 수)$= 36 + 11 = 47$(개)
따라서 세 편의점에 있는 우유는 모두
$30 + 9 + 47 = 86$(개)입니다.

답 86개

**07** 삼촌과 이모의 나이의 합은 $35 + 24 = 59$(살)입니다.
유찬이의 나이를 □살이라 하면
□$\times 9 = 59 + 13$, □$\times 9 = 72$입니다.
$\underbrace{9 + 9 + 9 + 9 + 9 + 9 + 9 + 9}_{8\text{번}} = 72$이므로
□$= 8$입니다.
따라서 유찬이의 나이는 8살입니다.

답 8살

**08**

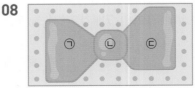

㉠ 부분에 가려진 원 모양은 2개씩 5줄에 3개가 더 있으므로 $2 \times 5 + 3 = 10 + 3 = 13$(개)입니다.
㉡ 부분에 가려진 원 모양은 2개씩 2줄이므로
$2 \times 2 = 4$(개)입니다.
㉢ 부분에 가려진 원 모양은 2개씩 5줄에 4개가 더 있으므로 $2 \times 5 + 4 = 14$(개)입니다.

따라서 리본으로 가려진 부분에는 원 모양이
13＋4＋14＝31(개) 있습니다.

답 31개

09 예 ❶ 파란색 목도리를 고를 때 모자를 고르는 방법은 3가지입니다.
❷ 보라색 목도리를 고를 때 모자를 고르는 방법은 3가지입니다.
❸ 초록색 목도리를 고를 때 모자를 고르는 방법은 3가지입니다.
❹ 빨간색 목도리를 고를 때 모자를 고르는 방법은 3가지입니다.
❺ 따라서 목도리 하나와 모자 하나를 고르는 방법은 4×3＝12(가지)입니다.

답 12가지

| 채점기준 | 배점 | |
| --- | --- | --- |
| ❶ 파란색 목도리에 모자 고르는 방법 구하기 | 1점 | |
| ❷ 보라색 목도리에 모자 고르는 방법 구하기 | 1점 | |
| ❸ 초록색 목도리에 모자 고르는 방법 구하기 | 1점 | 5점 |
| ❹ 빨간색 목도리에 모자 고르는 방법 구하기 | 1점 | |
| ❺ 목도리 하나와 모자 하나 고르는 방법 구하기 | 1점 | |

10 진 3명은 바위를 냈으므로 이긴 5명은 보를 냈습니다.
(8명이 펼친 손가락의 수)
＝(보를 낸 5명이 펼친 손가락의 수)
＝5×5＝25(개)

답 25개

11 거북이가 □분 동안 48 cm 움직이므로
8×□＝48에서 □＝6이고,
나무늘보가 6분 동안 움직이는 거리는
6×6＝36(cm)입니다.

답 36 cm

12 3의 4배는 12이므로 ▦＝12
▲의 5배는 40이므로 ▲×5＝40에서
5＋5＋5＋5＋5＋5＋5＋5＝8×5＝40
➡ ▲＝8
56은 8의 ●배이므로 8×●＝56에서
8＋8＋8＋8＋8＋8＋8＝8×7＝56
➡ ●＝7
따라서 ▦＋▲－●＝12＋8－7＝13입니다.

답 13

13 예 ❶ 1×7＝7, 2×7＝14, 3×7＝21,
4×7＝28, 5×7＝35, 6×7＝42,
7×7＝49, 8×7＝56, 9×7＝63이므로
□ 안에 들어갈 수 있는 수는 1, 2, 3, 4, 5, 6, 7, 8입니다.
❷ 4×7＝28, 4×8＝32, 4×9＝36이므로
□ 안에 들어갈 수 있는 수는 8, 9입니다.
❸ 따라서 □ 안에 공통으로 들어갈 수 있는 수는 8입니다.

답 8

| 채점기준 | 배점 | |
| --- | --- | --- |
| ❶ □×7＜60에서 □ 안에 들어갈 수 있는 수 구하기 | 2점 | |
| ❷ 4×□＞30에서 □ 안에 들어갈 수 있는 수 구하기 | 2점 | 5점 |
| ❸ □ 안에 공통으로 들어갈 수 있는 수 구하기 | 1점 | |

14 첫 번째 줄의 수는 오른쪽으로 3씩 뛰어 센 것이고
두 번째 줄의 수는 오른쪽으로 4씩 뛰어 센 것으로
왼쪽 맨 앞의 수만큼 뛰어 센 것입니다.
세 번째 줄의 맨 앞의 수를 ▆라 하면 ▆씩 4번 뛰어 센 수가 24이므로 ▆×4＝24, ▆＝6
➡ 6×2＝㉠, ㉠＝12
네 번째 줄의 맨 앞의 수를 ●라 하면 ●씩 3번 뛰어 센 수가 21이므로 ●×3＝21, ●＝7
➡ 7×4＝㉡, ㉡＝28
따라서 ㉠＋㉡＝12＋28＝40

답 40

15 큰 수를 곱할수록 곱셈의 결과가 커집니다. 수의 크기를 비교하면 9＞8＞5＞4＞3＞2이므로 곱셈의 결과가 가장 크게 되려면 가장 큰 수 9와 두 번째로 큰 수 8을 곱해야 합니다.
9×8＝72 (또는 8×9＝72)

답 9×8＝72 (또는 8×9＝72)

STEP Ⓐ 최상위실력완성      본문 125쪽

01 42 cm   02 12개    03 49

01 A급비법 사각형 8개를 이어 붙이는 경우를 그려 봅니다.
사각형 8개를 이어 붙여 만들 수 있는 사각형은 다음과 같습니다.

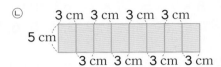

네 변의 길이의 합이 가장 짧은 모양은 ㉢입니다.
가로는 $5 \times 2 = 10$(cm),
세로는 $3 \times 4 = 12$(cm)이므로
네 변의 길이의 합은
$10 + 12 + 10 + 12 = 44$(cm)입니다.
네 변의 길이의 합이 가장 긴 모양은 ㉠입니다.
가로는 $5 \times 8 = 40$(cm), 세로는 3 cm이므로
네 변의 길이의 합은 $40 + 3 + 40 + 3 = 86$(cm)
입니다.
따라서 그 차는 $86 - 44 = 42$(cm)입니다.

답 42 cm

**02** A급비법 ㉠이 될 수 있는 수를 먼저 구한 후 ㉠의 각 값에 대한 경우를 구합니다.

㉠ × ㉡ = ㉢㉣에서 ㉠이 1이면 ㉢㉣이 한 자리 수가 되고, ㉠이 5이면 ㉣은 0 또는 5가 됩니다.
그러므로 ㉠이 될 수 있는 수는 2, 3, 4, 6, 7, 8, 9입니다.
① ㉠이 2인 경우 ㉢이 ㉣보다 큰 경우는 없습니다.
② ㉠이 3인 경우 $3 \times 7 = 21$의 1개입니다.
③ ㉠이 4인 경우 $4 \times 8 = 32$의 1개입니다.
④ ㉠이 6인 경우 $6 \times 7 = 42$, $6 \times 9 = 54$의 2개입니다.
⑤ ㉠이 7인 경우 $7 \times 3 = 21$, $7 \times 6 = 42$, $7 \times 9 = 63$의 3개입니다.
⑥ ㉠이 8인 경우 $8 \times 4 = 32$, $8 \times 9 = 72$의 2개입니다.
⑦ ㉠이 9인 경우 $9 \times 6 = 54$, $9 \times 7 = 63$, $9 \times 8 = 72$의 3개입니다.
따라서 만족하는 식은
$0 + 1 + 1 + 2 + 3 + 2 + 3 = 12$(개)입니다.

답 12개

**03** A급비법 각 단계별로 수의 규칙을 찾습니다.

$74 - 7 \times 4 = 74 - 28 = 46$,
$42 - 4 \times 2 = 42 - 8 = 34$,
$67 - 6 \times 7 = 67 - 42 = 25$이므로
1단계의 규칙은 주어진 수에서 십의 자리와 일의 자리 수의 곱을 빼는 것입니다.
$26 - 2 \times 6 = 26 - 12 = 14$이므로 ㉠ = 14
$46 + 4 \times 6 = 46 + 24 = 70$,
$34 + 3 \times 4 = 34 + 12 = 46$,
$14 + 1 \times 4 = 14 + 4 = 18$이므로
2단계의 규칙은 주어진 수에서 십의 자리와 일의 자리 수의 곱을 더하는 것입니다.
$25 + 2 \times 5 = 25 + 10 = 35$이므로 ㉡ = 35
따라서 ㉠ + ㉡ = 14 + 35 = 49입니다.

답 49

스스로 풀기

생각하며 풀기

식 써서 풀기

시간 정해서 풀기

오답노트 정리하기

문제 푸는
**좋은** 습관

문제 푸는
**안타까운**
습관

숙제니까 억지로 풀기

풀이부터 펼쳐보기

단답형만 풀기

질질 끌다 결국 찍기

틀린 문제 방치하기

초등수학의완성

에이+급 수학

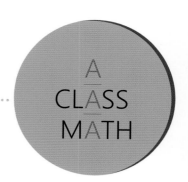